国家示范性高职院校工学结合系列教材

幕墙构件加工与质量检验

（建筑装饰工程技术专业）

钟　建　主　编
宋　琼　副主编
雍　本　主　审

中国建筑工业出版社

图书在版编目（CIP）数据

幕墙构件加工与质量检验/钟建主编. —北京：中国建筑工业出版社，2010
国家示范性高职院校工学结合系列教材
建筑装饰工程技术专业
ISBN 978-7-112-11885-4

Ⅰ.幕… Ⅱ.钟… Ⅲ.①幕墙-结构构件-加工-高等学校：技术学校-教材②幕墙-工程施工-质量检验-高等学校：技术学校-教材 Ⅳ.TU227 TU767

中国版本图书馆CIP数据核字（2010）第037198号

责任编辑：朱首明 杨 虹
责任设计：赵明霞
责任校对：刘 钰 赵 颖

国家示范性高职院校工学结合系列教材
幕墙构件加工与质量检验
（建筑装饰工程技术专业）
钟 建 主 编
宋 琼 副主编
雍 本 主 审

*

中国建筑工业出版社出版、发行（北京西郊百万庄）
各地新华书店、建筑书店经销
北京嘉泰利德公司制版
北京世界知识印刷厂印刷

*

开本：787×1092毫米 1/16 印张：5 字数：128千字
2010年8月第一版 2011年4月第二次印刷
定价：13.00元
ISBN 978-7-112-11885-4
（19142）

版权所有 翻印必究
如有印装质量问题，可寄本社退换
（邮政编码100037）

序

2006年以来，高职教育随着"国家示范性高职院校建设计划"的启动进入了一个新的历史发展时期。在示范性高职建设中教材建设是一个重要的环节，教材是体现教学内容和教学方法的知识载体，既是进行教学的具体工具，也是深化教育教学改革、全面推进素质教育、培养创新人才的重要保证。

四川建筑职业技术学院2007年被教育部、财政部列为国家示范性高等职业院校立项建设单位，经过两年的建设与发展，根据建筑技术领域和职业岗位（群）的任职要求，参照建筑行业职业资格标准，重构基于施工（工作）过程的课程体系和教学内容，推行"行动导向"教学模式，实现课程体系、教学内容和教学方法的革命性变革，实现课程体系与教学内容改革和人才培养模式的高度匹配。组编了建筑工程技术、工程造价、道路与桥梁工程、建筑装饰工程技术、建筑设备工程技术五个国家示范院校立项建设重点专业系列教材。该系列教材有以下几个特点：

——专业教学中有机融入了《四川省建筑工程施工工艺标准》，实现了教学内容与行业核心技术标准的同步。

——完善"双证书"制度，实现教学内容与职业标准的一致性。

——吸纳企业专家参与教材编写，将企业培训理念、企业文化、职业情境和"四新"知识直接融入教材，实现教材内容与生产实际的"无缝对接"，形成校企合作、工学结合的教材开发模式。

——按照国家精品课程的标准，采用校企合作、工学结合的课程建设模式，建成一批工学结合紧密，教学内容、教学模式、教学手段先进，教学资源丰富的专业核心课程。

本系列教材凝聚了四川建筑职业技术学院广大教师和许多企业专家的心血，体现了现代高职教育的内涵，是四川建筑职业技术学院国家示范院校建设的重要成果，必将对推进我国建筑类高等职业教育产生深远的影响。加强专业内涵建设、提高教学质量是一个永恒主题。教学建设和改革是一个与时俱进的过程，教材建设也是一个吐故纳新的过程。衷心希望各用书学校及时反馈教材使用信息，提出宝贵意见，为本套教材的长远建设、修订完善做好充分准备。

衷心祝愿我国的高职教育事业欣欣向荣，蒸蒸日上。

四川建筑职业技术学院 院长：李 辉
2009年1月4日

前　言

《幕墙构件加工与质量检验》是按照我院建筑装饰工程技术专业示范建设方案中专业课程体系的要求而编写的。

本书编写指导思想是以工作过程为导向，主要特点是通过项目和情境的设定，集"教、学、做"于一体。在内容安排上结合建筑装饰幕墙工程的特点，以幕墙中的隐框、明框、点玻、石材和金属幕墙为主题，进行教学训练。

本书由四川建筑职业技术学院钟建主编、宋琼副主编。编写人员分工如下：学习情境1由钟建、宋琼、冉拥军（四川华西建筑装饰有限公司、高级工程师）、吴丹（四川华西建筑装饰有限公司、工程师）编写；学习情境2由钟建、宋琼、熊邦文（中铁二局装饰公司、工程师）、梁晋平（成都时空间装饰设计有限公司、工程师）编写。全书由雍本（四川省建筑科学研究院、高级工程师）主审。四川华西装饰有限公司对本书的编写提供了大力协助。

书中不妥之处，恳请读者批评指正。

目 录

学习情境 1　幕墙构件加工

项目1　建筑幕墙型材的工厂加工 ·································· 2
项目2　建筑幕墙构件的工厂装配 ·································· 28
项目3　建筑幕墙物理性能检测 ···································· 33

学习情境 2　幕墙施工质量检查

项目1　建筑幕墙工程材料进场检查 ································ 48
项目2　建筑幕墙节点与连接件检验 ································ 49
项目3　建筑幕墙安装质量检验 ···································· 51
项目4　建筑幕墙工程施工过程检查 ································ 56
附录一：幕墙型材检验 ·· 60
附录二：现行有关规范、标准 ······································ 72

参考文献 ·· 74

学习情境 1

幕墙构件加工

幕墙是悬挂在建筑物结构框架外的外墙围护构件。幕墙的特点是装饰效果好、质量轻、安装速度快，是外墙轻型化、装配化较理想的形式，因此在现代大型和高层建筑上得到广泛地采用。常见的幕墙有玻璃幕墙、金属板幕墙、石材板幕墙和轻质钢筋混凝土墙板幕墙、塑料板幕墙等类型。

我国幕墙构件加工现在基本工厂化了，特别是国内在相关的节能型铝合金幕墙技术上，在研制数控铝幕墙加工中心、幕墙复合板刨槽机、铣榫机、接口锯等设备上也有了自主知识产权。幕墙基本单元组件全部在工厂内加工组装，有效地提高了制品加工精度，改进了表面质量保护，减少了施工现场高空作业工作，保证了安全生产。

项目1　建筑幕墙型材的工厂加工

一、幕墙加工工厂

幕墙加工工厂的特点

完整的幕墙产品，需要通过将基本元件使用机械设备和成熟的工艺方法，进行各种操作处理，达到规定产品的预定要求目标。现代化的幕墙加工工厂应具有进行各种处理、无损检测等加工能力的设备，并辅之以各种专用工艺装备。对于幕墙金属构件加工车间应保持清洁、干燥、通风良好，并根据不同季节定期采取保暖和降温措施，尤其是控制好注胶间的湿度、温度，确保工厂加工环境满足幕墙单元生产要求（图1-1、图1-2）。

幕墙加工工厂一般来说都属于非定型产品生产。尤其在我国，目前尚未有划分为单一生产某一产品的专门程度，大都是在合同范围内以销定产，决非以产定销，所以它的生产布局也难以固定为某一模式。一般大、中型企业均以大流水作业生产

图1-1　幕墙工厂组装车间

图1-2　幕墙工厂加工车间

的工艺流程为主线，布置同类型构件作批量生产的流水线。中小型企业均以作坊式一竿子到底，以某一产品类型组织生产。多数则属混合型居多，即以产品类型作区域性的生产布置，其设备也就据此作相应的固定性配置。

1. 生产场地布置的根据。

布置流水作业生产场地时要考虑：产品的品种、特点和批量；工艺流程、方法；产品的进度要求，每班制的工作量和要求的生产面积；现有的生产厂房、设备和起重运输能力。

2. 生产场地布置的原则。

按流水顺序安排生产场地，尽量减少运输量，避免倒流水。

根据生产需要合理安排操作面积，以保证安全操作，并要保证材料和零件有必需的堆放场地。保证成品能顺利运出，半成品顺利周转。便利供电、供气、供水、照明线路的布置。

二、幕墙加工主要设备

国内各生产制造基地都配有先进的生产加工设备。下面以远大铝业工程有限公司生产基地为例，展示相关设备。

1. 铝合金复合板及单板切割刨槽机（图1-3）。

该设备用于铝合金复合板、铝合金单板、铝合金蜂窝板等板材的切割和刨槽。

2. 多功能程序控制型材加工中心（图1-4）。

该中心的设备用于对铝合金型材任意角度进行钻、铣、切割等加工，具有计算机程序输入，自动坐标定位，自动更换刀具，光电防护等功能，加工最大尺寸偏差小于0.01mm，角度偏差小于0.01°，主要用于单元式幕墙加工制造。

3. 断热铝合金型材生产线（图1-5）。

该生产线设备通过对铝合金型材和断热条进行滚花、穿条、辊轧、检测四个过程完成断热铝合金型材的合成，加工速度可达45m/min。

图1-3 铝合金复合板及单板切割刨槽机

图1-4 多功能程序控制型材加工中心

图1-5 断热铝合金型材生产线

4. 转塔式8工位铝型材加工中心（图1-6）。

该中心的设备用于对铝合金型材进行钻、铣等加工，具有计算机程序输入，自动更换刀具等功能，可实现一次装夹对型材的五个面进行加工。加工最大尺寸偏差小于0.01mm。

图1-6 转塔式8工位铝型材加工中心

5. 多工位多转轴钻床（图1-7）。

该设备用于同时在型材或板材上进行多孔加工，每个工位可配置7个不同大小的钻头，最多可以同时在型材上加工35个孔，最大加工偏差小于0.1mm。

6. 双头斜榫切割机床（图1-8）。

该设备用于对铝合金型材22.5°~135°范围内任意角度进行切割加工，具有数字控制，自动调节刀具位置和角度功能，加工最大尺寸偏差小于0.1mm，角度偏差小于0.1°。

图1-7 多工位多转轴钻床

图1-8 双头斜榫切割机床

7. 石材加工中心（图1-9）。

该中心的设备用于背栓式石材幕墙的石材背栓孔的加工，全程计算机程序控制，一次放入石材可实现自动测量及完成8个位置的钻孔加工，加工的孔位最大偏差小于0.1mm。

8. 组角机（图1-10）。

该设备用于铝合金型材90°角组合，压撞力达40kN，可对各种规格铝合金型材进行组合加工。

图1-9 石材加工中心

图1-10 组角机

9. 平板曲线加工中心（图 1-11）。

该中心的设备用于在平面板材上进行任意直线和任意曲线的切割或雕刻，全程计算机程序控制，最大加工偏差小于 0.01mm。

10. 数控液压折弯机（图 1-12）。

该设备用于对各种金属板材进行任意角度的折弯加工，二维图像模拟显示折弯过程，自动控制折弯角度，自动补偿刀具刚度，加工角度偏差小于 0.1°。

图 1-11 平板曲线加工中心

图 1-12 数控液压折弯机

11. 数控液压剪板机（图 1-13）。

该设备用于对各种金属板材进行剪切加工，数字控制板材定位挡尺和剪切角度，最大加工偏差小于 0.1mm。

图1-13 数控液压剪板机

12. 型材加工中心（图1-14）。

该中心的设备能够全自动化，高效率，低消耗地加工铝塑型材，在型材上加工排水槽、通风孔、锁扣孔、铰链孔、内扣锁铣孔、密封胶带铣刀孔、钢衬螺钉紧固，在钢衬上钻执手孔和安装孔等，自动送料台可放置10根6m或6.5m长的型材，铝铣单元间可配制30种不同加工刀具，锯切单元间可提供5片锯片配置，适应各种不同型材和五金件的加工需求。

图1-14 型材加工中心

13. 数控镂铣机（图1-15）。

该设备用于对各种软金属、石材、人造石、木材、塑材进行各种雕刻，重复定位精度±0.02mm。

图 1-15 数控镂铣机

三、图纸识读及质量要求

(一) 图纸识读

1. 审核产品制作企业资质及设计阶段

对幕墙产品制作执行生产许可制度。凡生产制作幕墙产品的企业,必须持有产品生产许可证,无证企业不得生产和销售。幕墙施工安装企业必须持有建设行政主管部门核发的企业资质证书,按证书所核定的工程承包范围承接幕墙工程,严禁无资质承包及越级承包幕墙工程。

2. 图纸会审

幕墙加工厂在接到工程图纸后,应该组织有关工程技术人员对设计图和施工图进行审查。审查图纸的目的,是检查图纸设计的深度能否满足施工的要求,核对图纸上构件的数量和安装尺寸,检查构件之间有无矛盾等,同时亦对图纸进行工艺审核,即审查技术上是否合理,制作上是否便于施工,图纸上的技术要求按加工单位的施工水平能否实现等。如果由加工单位自己设计施工详图,制图期间又已经过审查,则审图程序可相应简化。此外,还要合理划分运输单元。

(1) 图纸审核的主要内容包括:

1) 设计文件是否齐全和符合技术规范要求。设计文件包括设计图、施工图、图纸说明和设计变更通知单等;

2) 设计是否满足安全、合理、技术先进的原则;

3) 设计是否满足建设单位使用要求；

4) 施工是否方便、合理、节约；

5) 构件的几何尺寸是否齐全、相关构件的尺寸是否正确；

6) 节点是否清楚，是否符合国家标准；

7) 标题栏内构件的数量是否符合工程总数；

8) 构件之间的连接形式是否合理；

9) 加工符号、焊接符号是否齐全；

10) 结合本单位的设备和技术条件考虑，能否满足图纸上的技术要求；

11) 图纸的标准化是否符合国家规定等；

(2) 图纸审查后要做技术交底准备，其内容有：

1) 根据构件尺寸考虑原材料对接方案和接头在构件中的位置；

2) 考虑总体的加工工艺方案；

3) 对构件的结构不合理处或施工有困难的，要与需方或者设计单位办好变更签证手续；

4) 列出图纸中的关键部位或者有特殊要求的地方加以重点说明。

（二）质量要求

供应部要对本部门该项目的材料采购工作负责，要严格按照质量手册中的"物资采购控制"程序规定去采购材料，以确保原材料的质量与供货周期，见附件一。质检部对采购回来的材料要按照质量手册中"进货检验控制"的程序规定去进行检验，不合格材料坚决不进场。此过程的判定依据为质检部材料检验单。此过程控制要点。

(1) 生产厂家提供样品，试验合格后，收样、报验。

(2) 进货后生产厂家要提供质量证明材料。

(3) 进货后由计划中收抽样外委试验，合格后转入生产。

1. 生产加工阶段

生产部要对本部门该项目的元件加工和组装工作负责，要对加工质量进行全面控制，严格执照质量手册"工序控制"进行组织加工和组装。控制要点如下：

(1) 生产工人必须按照加工图纸和工艺卡片进行加工。

(2) 必须进行首检、自检和互检。检查时要确认质量检具的精确度。

(3) 对加工后的产品要进行标识。

(4) 加工前检查设备及工装的完好情况加工中不能野蛮工作。

2. 检查阶段

质检过程是对加工过程中的质量检验工作负责，对加工质量进行全面控制，控制要点如下：

(1) 进行首检专检及标识。

(2) 对每道工序进行跟踪检验,确保不合格产品不转入下道工序。

(3) 进行循检、抽检,并作抽检标识,每批抽检率为10%,每批数量不少于3件。

(4) 发现不合格品,按质量手册"不合格品控制"程序处理。

四、工厂加工型材质量标准

(一) 铝型材的加工

1. 铝型材下料

(1) 玻璃幕墙结构杆件下料前应进行校直调整。

(2) 玻璃幕墙横梁的允许偏差为 ±0.55mm,立柱的允许偏差为 ±1.0mm,端头斜度的允许偏差为 −15°。截料端头不应有加工变形,毛刺不应大于 0.2mm,见图 1-16、图 1-17。

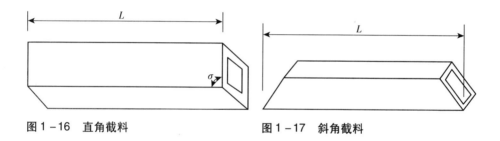

图 1-16　直角截料　　　　图 1-17　斜角截料

(3) 应严格按零件图下料,下料前必须认真看懂、理解零件图中的各项技术指标及尺寸的含义,认真核对型材代号及断面形状,有疑问时,及时向有关部门反映。

(4) 当第一件零件下出后必须复查长度、角度等尺寸是否与图纸及偏差要求相符,下料过程中也要按比例(一般为 10%)进行抽查。

(5) 操作过程中注意保护型材,防止表面擦伤、碰坏;下料后的半成品要合理堆放,注明所用工程名称、零件图号、长度、数量等。

2. 机械加工

(1) 玻璃幕墙结构杆件的孔位允许偏差为 ±0.5mm,孔距允许偏差为 ±0.5mm,累计偏差不应大于 ±1.0mm。

(2) 铆钉的通孔尺寸偏差应符合现行国家标准《铆钉用通孔》GB 1521 的规定。

(3) 沉头螺钉的沉孔尺寸偏差应符合现行国家标准《沉头螺钉用沉孔》GB 1522 的规定。

(4) 圆柱头、螺栓的沉孔尺寸偏差应符合现行国家标准《圆柱头、螺栓用沉孔》GB 1523 的规定。

(5) 构件铣槽尺寸允许偏差应符合表 1-1 的要求，如图 1-18 所示。

铣槽尺寸允许偏差（mm） 表 1-1

项目	a	b	c
偏差	+0.5 0.0	+0.5 0.0	±0.5

(6) 构件铣豁尺寸允许偏差应符合表 1-2 的要求，如图 1-19 所示。

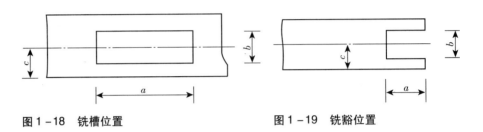

图 1-18 铣槽位置　　　　图 1-19 铣豁位置

铣豁尺寸允许偏差（mm） 表 1-2

项目	a	b	c
偏差	+0.5 0.0	+0.5 0.0	±0.5

(7) 构件铣榫尺寸允许偏差应符合表 1-3 的要求，如图 1-20 所示。

铣榫尺寸允许偏差（mm） 表 1-3

项目	a	b	c
偏差	+0.5 0.0	+0.5 0.0	±0.5

(8) 应严格按零件图尺寸加工，开机前必须认真看懂、理解零件图中的各项技术指标及尺寸的含义，认真核对零件代号、断面形状、零件长度、数量，有疑问时，及时向有关部门反映。

(9) 根据加工零件的各项技术指标、加工精度，合理选用刀具、模具及设备，确保零件加工精度。

(10) 根据加工要求准确画线定位，加工出的第一件零件应复查各项技术指标是否与图纸一致，加工过程中也要反复抽查。

(11) 加工过程中注意保护，防止损伤；加工出的第一件零件要

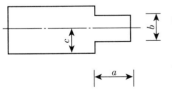

图 1-20
铣榫位置

合理堆放，做好标记；对于直接入库的零件，必须进行包装，注明所用工程名称、零件图号、长度、数量等。

（二）玻璃型材的加工

1. 玻璃型材下料。

（1）玻璃幕墙构件装配尺寸允许偏差应符合表1-4的规定。

构件装配尺寸允许偏差（mm） 表1-4

项目	构件长度	允许偏差
槽口尺寸	≤2000	±0.5
	>2000	±0.5
构件对边尺寸差	≤2000	≤2.0
	>2000	≤3.0
构件对角线	≤2000	≤3.0
	>2000	≤3.5

（2）各相邻构件装配间隙及同一平面度的允许偏差应符合表1-5的规定。

各相邻构件装配间隙及同一平面度的允许偏差（mm） 表1-5

项目	允许偏差
装配间隙	≤0.5
同一平面度	≤0.5

（3）根据图纸核实型材的品种、规格、断面及数量与图纸是否相符，并应分类放置相关尺寸的型材，防止混淆。

（4）构件组框应在专用的工作台上进行，工作台表面应平整，并有防止铝框表面损伤的保护装置。

（5）构件按图纸要求装配好配件，进行组装，构件的连接应牢固，且满足偏差要求；连接螺钉以拧紧牢固为宜，防止滑扣。

（6）各构件连接处的缝隙应进行密封处理；组角时，要求角内脏面应填注少量的硅胶。

（7）在大批量装配同一规格的幕墙构件时，可以在工作台上设置夹具或胎具，保证铝框的精确度和互换性。

（8）装配过程中注意保护铝框，防止损伤；装配后的铝框要合理堆放，防止变形，并做好标记，注明所用工程名称、零件图号、数量等。

2. 玻璃加工

（1）钢化、半钢化和夹丝玻璃都不允许在现场切割，而应按设计尺寸在工厂进行。钢化、半钢化玻璃的热处理必须在玻璃切割、钻孔、挖槽等加工完进行。

（2）玻璃切割后，边缘不应有明显的缺陷，其质量要求应符合表1-6规定。

玻璃切割边缘的质量要求　　　　　　　　　　　　表1-6

缺陷	允许程度	说明
明显缺陷	不允许	明显缺陷指：麻边、崩边
崩块	$b \leq 1mm$，$b \leq t$ $b_1 \leq 10mm$，$b \leq t$	崩块范围：长——b；宽——b_1； t——玻璃厚度
切斜	斜度$\leq 14°$	
缺角	$\leq 5mm$	

（3）经切割后的玻璃，应进行边缘处理（倒棱、倒角、磨边），以防止应力集中而发裂。

（4）中空玻璃、圆弧玻璃等特殊玻璃应由专业的厂家进行加工。

（5）玻璃加工应在专用的工作台上进行，工作台表面应平整，并有保护装置；加工中注意保护，防止玻璃损伤和割伤操作者；加工后的玻璃要合理堆放，并做好标记，所用工程名称、尺寸、数量等。

五、型材加工操作的基本要求

（一）双头锯下料操作手册

1. 质量标准

双头锯下料允许偏差，见表1-7。

双头锯下料允许偏差（单位：mm）　　　　　　　　　　表1-7

项目			允许偏差		检查工具
			优等品	合格品	
长度尺寸	竖框	单元式	$L \pm 0.5$		钢卷尺
		框架式		$L \pm 1$	钢卷尺
	横框		$L-0$（0.3）	$L-0$（0.5）	钢卷尺
	墙板附框		$L-0$（0.5）	$L-0$（1）	钢卷尺
端头角度 α			$\alpha \pm 10'$	$\alpha \pm 15'$	角度尺

端面不允许有毛刺,端面要平整,型材腔内不允许有铝屑。

型材外装饰面不允许有磕碰划伤,见表1-8。

型材质量检验标准　　　　表1-8

序号	检验项目	技术要求		检验方法	备注
1	弯曲度(h_s、h_t)	任意300mm长上h_s(mm)	6mh_t(mm)	将型材放在检验平台上借自重稳定后,测型材底面与检测平台最大间隙	参见:图1-21型材弯曲度测量示意
		≤0.3	≤5		每米h_t≤1mm
2	扭拧度	外接圆直径(mm)	每米长度上扭拧度(mm/毫米宽)	总长度上扭拧度(mm/毫米宽)	将型材放在检测平台上借自重稳定后,测型材底面与平台最大距离,除以底面宽所得值与要求对比
		12.5~40	≤0.042	≤0.098	
		40~80	≤0.20	≤0.070	
		80~250	≤0.014	≤0.042	
3	长度尺寸偏差	长度≤6m 允许偏差±15mm 长度>6m 允许偏差±2mm		钢卷尺	
4	型材角度允许偏差	±1°(门窗型材±15′)		直角尺角度量规	
5	表面质量	1.型材端头允许因锯切而产生的局部变形,其纵向长度≤15mm			型材的表面质量用肉眼检查,不使用放大仪器
		2.表面不允许有裂纹、起皮、腐蚀、气泡腐蚀斑点、电灼伤、黑斑、氧化膜脱落等,允许距端头80mm内局部无膜		自然光距离3m处垂直观察	
		3.不允许有明显色差			
		允许有轻微卸陷指标	划伤、擦伤深度≤0.02mm	肉眼检查	
			划伤总长度≤60mm	钢卷尺	
			擦伤部面积≤200mm²		
			划伤、擦伤总数≤4处	肉眼检查	

型材的弯曲度测量示意见图1-21。

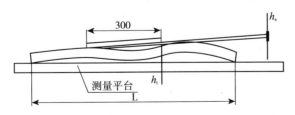

图1-21　型材的弯曲度测量示意

2. 操作过程

(1) 看图

根据工序卡看相应图纸和细目。了解公差及技术要求,不清楚时询问工艺员。

(2) 领料

操作者按领料单领料,核对型材牌号,规格尺寸,表面处理方式及颜色,检查型材外观质量,型材表面不得有腐蚀,氧化缺陷及严重色差和划伤,型材表面质量、弯曲度,扭拧度。

(3) 工序

1) 根据工序卡,工艺规程或设计图纸尺寸,调整设备至良好状态下(包括规定的长度及角度)才允许操作。

2) 型材夹紧时不允许有变形,型材表面与定位要靠紧。对于断面形状的型材,不适合直接夹紧,应加支撑块后再夹紧。垫块要光滑平整,一定要夹紧可靠后加工,见图1-22。

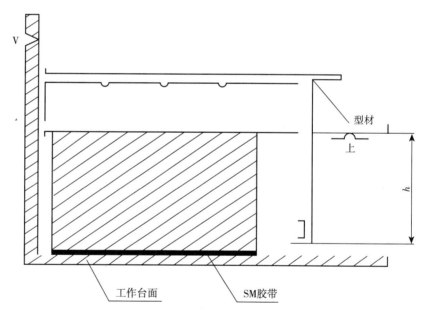

图1-22 型材夹紧示意图

3) 型材两端切角时,先旋转工作台(锯片)角度,然后装夹工件加工。加工时,先按下气动夹具按钮,使水平、垂直顶杆将型材夹紧牢固,然后起锯下料,加工完成后松开气动夹具,最后卸料。

(4) 设备一次下料数量的规定

1) 竖框:必须单支加工。

2) 横框及方管:断面在60mm×60mm以下(含60mm)允许平放2支加工。

3）其余型材：断面在60mm×60mm以下可多支加工。其中平放宽度不超过120mm，叠放高度过60mm（指直料）。

4）角度切料只允许单排，即旋转锯片时，允许几件平放加工，旋转工坐台时，允许几件叠加加工。

5）如加工壁厚较大的型材，应调整锯片进给量，如设备出现异常噪声时，应调小锯片进给量，不允许超负荷操作。

（5）型材每加工完一件（或几件/刀）后，要求及时、彻底将设备工作台面的铝屑、型材表面及型腔内的铝屑、型材端面内外侧毛刺等清理干净，用设备风管将铝屑吹净。型材端面内外侧去毛刺可用壁纸刀片沿与形型材端面形成45°角进行刮削（注意不要划伤型材外饰面）以免影响定位和划伤型材表面，并将加工件整齐地摆放在周转车上，无磕碰、划伤现象。

（6）当型材下料端面毛刺超过0.2mm时，需要刃磨锯片。

（7）首件产品必须进行"三检"，首件三检合格后方可批量生产。

（8）批量生产中，每10件产品要抽检一次加工尺寸及角度。如果超差或有超差迹象，应及时重新调整设备，确定加工尺寸稳定后再正常加工、检验。

（9）加工完成并检验合格的型材要求每件均要贴标识，最后移交下序。

（二）单头锯下料操作手册

1. 质量标准

(1) 单头锯下料允许偏差，见表1-9。

单头锯下料允许偏差（单位：mm）　　　表1-9

项目	允许偏差		检验工具
	优等品	合格品	
长度尺寸 L	$L \pm 0.5$	$L \pm 1$	钢卷尺
端头角度 α	$\alpha \pm 10'$	$\alpha \pm 15'$	角度尺

(2) 型材下料后端面不允许有毛刺，端面要平整，型材腔内不允许有铝屑。

(3) 型材外装饰面不允许有磕碰划伤，见表1-10。

型材质量检验标准　　　表1-10

序号	检验项目	技术要求		检验方法	备注
1	弯曲度（h_s、h_t）	任意300mm长上 h_s（mm）	$6mh_t$（mm）	将型材放在检验平台上借自重稳定后，测型材底面与检测平台最大间隙	每米 $h_t \leq 1$mm
		≤0.3	≤5		

续表

序号	检验项目	技术要求			检验方法	备注
2	扭拧度	外接圆直径（mm）	每米长度上扭拧度（mm/毫米宽）	总长度上扭拧度（mm/毫米宽）	将型材放在检测平台上借自重稳定后，测型材底面与平台最大距离，除以底面宽所得值与要求对比	
		12.5~40	≤0.042	≤0.098		
		40~80	≤0.20	≤0.070		
		80~250	≤0.014	≤0.042		
3	长度尺寸偏差	长度≤6m 允许偏差±15mm			钢卷尺	
		长度>6m 允许偏差±2mm				
4	型材角度允许偏差	±1°（门窗型材±15′）			直角尺角度量规	
5	表面质量	1. 型材端头允许因锯切而产生的局部变形，其纵向长度≤15mm				型材的表面质量用肉眼检查，不使用放大仪器
		2. 表面不允许有裂纹、起皮、腐蚀、气泡腐蚀斑点、电灼伤、黑斑、氧化膜脱落等，允许距端头80mm内局部无膜			自然光不距离3m处垂直观察	
		3. 不允许有明显色差				
		允许有轻微卸陷指标	划伤、擦伤深度≤0.02mm		肉眼检查	
			划伤总长度≤60mm		钢卷尺	
			擦伤部面积≤200mm^2			
			划伤、擦伤总数≤4处		肉眼检查	

2. 操作过程

(1) 看图

根据工序卡看相应图纸和细目，了解公差及技术要求，不清楚时询问工艺员。

(2) 领料

按领料单领料,核对型材牌号,规格尺寸,表面处理方式及颜色,检查型材外观质量,型材表面质量、弯曲度,扭拧度等参见表1-10。

3. 工序

(1) 根据工序卡,工艺规程或设计图纸尺寸,调整设备至良好状态下(包括规定的长度及角度),才允许操作。

(2) 型材夹紧时不允许有变形,型材表面与定位要靠紧,端面切地,先旋转锯片角度,调整好挡板位置并固定好,然后装夹工件加工,加工时按下气动夹具按钮,使垂直顶杆将型材夹紧牢固,然后起锯切料,加工完成后打开气动夹具,最后卸料。

(3) 设备一次下料数量的规定:

1) 插芯:断面尺寸在60mm×60mm以上(含60mm)只允许1支加工。断面尺寸60mm×60mm以下,允许同时2支加工。

2) HC210方管:允许6支加工,平放3支,叠放2支。

3) HC505角片:允许4支加工。

4) HC5.6角片:允许6支加工。

5) HD502角片:允许2支加工。

(4) 型材每加工完一锯后,要求及时、彻底将设备工作面及型材上的铝屑及毛刺等清理干净,以免影响定位和划伤型材表面。并将加工件整齐地摆放在存放架上(小件如角片可统一放在工件周转箱内)。

(5) 角片(断面尺寸50mm×50mm以下,长度在50mm以下规格)去毛刺在光饰机中进行,要求在光饰机达到良好状态下操作。完成后用水洗清干净并烘干,摆放在周转箱内,其他型材用壁纸刀片沿型材端面成45°角刮削干净。

(6) 首件产品必须进行"三检",首件"三检"合格后方可批量生产。

(7) 批量生产中每20件产品要检查一次加工尺寸和角度。如果超差要重新调整设备,确定加工尺寸稳定后再正常加工检验。

(8) 加工完成并检验合格的型材要求每件均要贴标识(长度150mm以下除外),最后移交下序。

(9) 当型材下料端面毛刺超过0.2mm时,需要刃磨锯片。

(三) 自动送料机切割操作手册

1. 质量标准

(1) 自动送料切割机下料允许偏差,见表1-11。

(2) 端面不允许有毛刺,端面要平整。

自动送料机下料允许偏差（单位：mm） 表1-11

项目		允许偏差		检验工具
		优等品	合格品	
无配合要求角片	长度尺寸L		$L\pm1$	钢卷尺
有配合要求角片	长度尺寸L	$L_{-0.4}^{+0}$		游标卡尺

2. 看图

根据工序卡看相应图纸和细目，了解公差及技术要求，不清楚时询问工艺员。按领料单领料，核对型材牌号，规格尺寸，表面处理方式。

3. 工序

（1）根据工序卡，工艺规程或设计图纸尺寸，调整设备至良好状态下（包括规定的长度尺寸）才允许操作。

（2）型材表面与定位面要夹紧，加工时要先试切，调整下料尺寸。

（3）设备一次下料允许最多下4支。如：HC505、HC506角片，允许4支加工，HD502角片，允许2支加工。

（4）型材每上料之前要求及时、彻底将设备工作面上的铝屑清理干净，下料完成后将毛刺清理干净，放在周转箱内。

（5）角片（断面尺寸在50mm×50mm以上，长度在50mm以下）去毛刺在光饰机中进行，完成后用水清理干净并烘干，否则手工去毛刺，长度超过60mm用壁纸刀片沿型材端，面成45°角刮削干净。

（6）首件"三检"合格后方可批量生产。批量生产中，每上次料首件要检查一次加工尺寸，如果超差要重新调整设备。

（7）工序完成后向质检员报终检，由质检员终检合格后在工序卡上盖检验章，评定质量情况，最后移交下序。

（8）当型材下料端面毛刺超过0.2mm时，需要刃磨锯片。

（四）端铣操作手册见表，见表1-12。

1. 质量标准

（1）型材端切后，端面不允许有毛刺，端面要平整，型材腔内不允许有铝屑。

（2）型材外装饰面不允许有磕碰、划伤。

型材外装饰面允许偏差（单位：mm）　　　　表1-12

项目	允许偏差		检验工具
	优等品	合格品	
长度尺寸 L	L ± 0.5	L ± 1	钢卷尺
段头角度 α	α1 ± 10′		角度尺

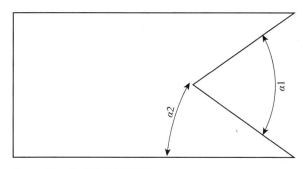

图1-23　端切角度示意图

2．操作过程

（1）看图：根据工序卡看相应图纸和细目，了解公差及技术要求，不清楚时询问工艺员。

（2）检验上序：操作者按图纸核对型材牌号，检查上序加工质量（包括表面质量），合格后方可进行加工。

3．工序

（1）根据工序卡，工艺规程或设计图纸尺寸，调整设备至良好状态下（包括规定的长度尺寸），才允许操作。

（2）型材夹紧时不允许有变形，型材表面与定位要靠紧，对于断面形状复杂的型材，不合适直接夹紧，应加支承块后再夹紧，垫块要光滑平整，一定要夹紧可靠后加工。

（3）加工前，先将两锯片调整到所需角度，然后装夹工件加工，加工时先按下气动夹具按钮，使水平、垂直顶杆将型材夹紧牢固，然后走剧端切，加工完成后松动气动夹具，最后卸料。

（4）设备一次加工数量的规定：必须单件加工。

（5）型材每加工完一件后，用风管及彻底将设备工作台面的铝屑，型材表面及型腔内的铝屑，型材端面毛刺可用壁纸刀片沿与型材端面成45°角进行刮削（注意不要划伤型材外饰面），以免影响定位和划伤型材表面，并将加工件整齐地摆放在周转车上，无磕碰、划伤现象。

(6) 当型材下料端面毛刺超过 0.2mm 时,需要刃磨锯片。

(7) 首件三检合格后方可批量生产。批量生产中,每 10 件产品要抽检一次加工尺寸及角度。如果超差或有超差迹象,应及时重新调整设备,确定加工尺寸稳定后再正常加工、检验。

(8) 加工完成并检验合格的型材要求每件均要贴标识,最后移交下序。

(五) 钻铣床加工操作手册

1. 质量标准

(1) 钻铣床加工允许偏差:(注:游标卡尺无法检验,允许用钢板尺检验)。

(2) 型材加工完成后不允许有毛刺,型材腔内不允许有铝屑。

(3) 型材外装饰面不允许有磕碰、划伤。

1) 钻孔允许偏差,表 1-13。

钻孔允许偏差(单位:mm)　　　　表 1-13

项目	允许偏差	检验工具
	合格品	
孔位偏差	±0.5	游标卡尺
孔距偏差	±0.5	游标卡尺

2) 铣槽尺寸允许偏差,见表 1-14。

铣槽尺寸允许偏差(单位:mm)　　　　表 1-14

项目	允许偏差	检验工具
	合格品	
a	+0.5 0	游标卡尺
b	+0.5 0	游标卡尺
c	±0.5	游标卡尺

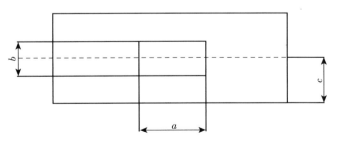

图 1-24　铣槽位置示意图

3）铣豁尺允许偏差，见表 1-15。

铣豁尺寸允许偏差（单位：mm）　　　　表 1-15

项目	允许偏差 合格品	检验工具
a	+0.5 0	游标卡尺
b	+0.5 0	游标卡尺
c	±0.5	游标卡尺

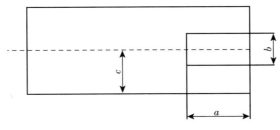

图 1-25　铣豁位置示意图

4）铣榫尺寸允许偏差，见表 1-16。

铣榫尺寸允许偏差（单位：mm）　　　　表 1-16

项目	允许偏差 合格品	检验工具
a	0 -0.5	游标卡尺
b	0 -0.5	游标卡尺
c	±0.5	游标卡尺

5）铣加工角度允许偏差，见表 1-17。

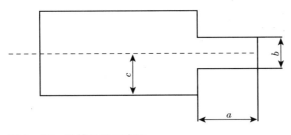

图 1-26　铣槽位置示意图

铣加工角度允许偏差（单位：mm）　　　　表1-17

项目	允许偏差	检验工具
	合格品	
角度偏差	±0.5	角度尺

2. 操作过程

（1）看图

根据工序卡看相应图纸和细目，了解公差及技术要求，不清楚时询问工艺员。

（2）检验程序

首先检查工序加工质量（包括表面质量），合格后方可进行加工。

3. 工序

（1）根据工序卡，工艺规程或设计图纸尺寸，进行画线加工（批量小），如非装饰面，用划针画线，如装饰面，用铅笔画线，画线宽度不超过0.2mm，当划孔位线时，要用冲头在孔中心处打冲眼，若工件批量较大时，需制作模型加工。

（2）加工前夹紧工具后，开机试转看是否偏摆，及时将设备调整至良好状态下，才能允许操作。

（3）钻孔榫铣加工中，工件一定要夹紧，型材夹紧时不允许有变形，装夹时应加垫尼龙垫片，以免将装饰表面夹伤，型材表面与定位面要靠紧。严禁用手拿工件进行钻铣加工。

（4）型材每加工完一件后及时清理工作台面的铝屑，型材表面及型腔内的铝屑清理干净，加工部位毛刺等清理干净，以免影响定位和划伤型材表面，并将加工件整齐地摆放在周转车上，无磕碰、划伤现象。

（5）型材去毛刺可用壁纸刀片或刮刀，沿与加工平面成45°角进行，注意不要划伤型材外饰面。

（6）钻头或铣刀刃口磨钝后，应立即刃磨，以免影响加工质量和加进度。

（7）在不影响加工形状的条件下，应尽量使用直径较大的铣刀，在铣封闭内形时，应该先钻一个工艺孔，孔径应比铣刀直径稍大。

（8）首件三检合格后方可批量生产。

批量生产中，每10件产品要抽检一次加工尺寸及角度。如果超差或有超差迹象，应及时重新调整设备，确定加工尺寸稳定后再正常加工、检验。

（9）加工完成并检验合格的型材要求每件均要贴标识，最后移交下序。

（六）加工中心钻铣操作手册

1. 质量标准

（1）加工中心钻铣加工允许偏差

1) 钻孔允许偏差，见表1-18。

钻孔允许偏差（单位：mm）　　　　　　　表1-18

项目	允许偏差	检验工具
	合格品	
孔位偏差	±0.5	游标卡尺或钢板尺
孔距偏差	±0.5	游标卡尺或钢板尺

2) 铣槽尺寸允许偏差，见表1-19。

铣槽尺寸允许偏差（单位：mm）　　　　　　表1-19

项目	允许偏差	检验工具
	合格品	
a	+0.5 0	游标卡尺或钢板尺
b	+0.5 0	游标卡尺或钢板尺
c	±0.5	游标卡尺或钢板尺

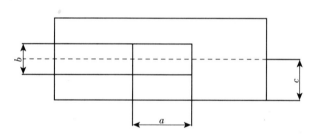

图1-27　铣槽位置示意图

3) 铣豁尺允许偏差，见表1-20。

铣豁尺寸允许偏差（单位：mm）　　　　　　表1-20

项目	允许偏差	检验工具
	合格品	
a	+0.5 0	游标卡尺或钢板尺
b	+0.5 0	游标卡尺或钢板尺
c	±0.5	游标卡尺或钢板尺

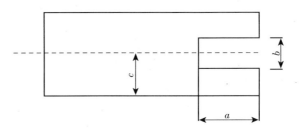

图 1-28 铣豁位置示意图

4）铣榫尺寸允许偏差，见表 1-21。

铣榫尺寸允许偏差（单位：mm）　　　表 1-21

项目	允许偏差	检验工具
	合格品	
a	$\begin{array}{c} 0 \\ -0.5 \end{array}$	游标卡尺或钢板尺
b	$\begin{array}{c} 0 \\ -0.5 \end{array}$	游标卡尺或钢板尺
c	±0.5	游标卡尺或钢板尺

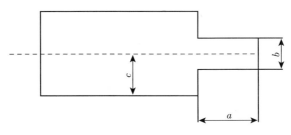

图 1-29 铣榫位置示意图

5）铣加工角度允许偏差，见表 1-22。

铣加工角度允许偏差（单位：mm）　　　表 1-22

项目	允许偏差	检验工具
	合格品	
角度偏差	±30′	角度尺

（2）型材加工完成后不允许有毛刺、铣立筋清根时周围平面不允许有刀痕，型材腔内不允许有铝屑。

(3) 型材外装饰面不允许有磕碰、划伤。

2. 操作过程

(1) 看图根据工序卡看相应图纸和细目，了解公差及技术要求，不清楚时询问工艺员。

(2) 检验上序

首先，检查上序加工质量（包括加工尺寸、角度、表面质量）要求型材表面不得有氧化缺陷、划伤及磕碰伤。划伤深度不得大于氧化膜厚度，型材的弯曲度小于2mm，扭曲度小于2mm（用专用塞尺），确认合格后方可进行加工。

3. 工序

(1) 加工工件前，一定要检查设备零点是否漂移，将设备调整至良好状态下。

(2) 加工前一定要认真测量刀厂，以免输入刀厂数值不真确（用卡尺测量，误差小于0.5mm)

(3) 加工前，一定要把夹具位置输入程序，并清洁工作面。

(4) 根据工序卡，工艺规程或设计图纸尺寸，将工件按编程定位基准放置到工作台上，若夹紧工件时工件变形，则需制作顶块，撑住工件，允许间隙0.2mm。

(5) 夹紧工件一定要可靠，若加工时，工件颤动，则需要增加夹具数量。

(6) 加工中心各工位刀具一定要与编程各工位刀具相符，不允许随意改变。

(7) 加工工件时，特别是首件一定要注意观察下刀位置及深度（铣平面时），发现异常，要及时按急停按钮或急停线，对位置及深度进行测量，调整后继续加工。

(8) 型材每加工完一件后，及时将工作台面的铝些屑，型材表面及型腔内的铝屑、加工部位毛刺等清理干净，用设备风管将铝屑吹净。型材去毛刺可用壁纸刀片或刮刀，沿与加工平面成45°角进行。注意不要划伤型材外饰面，以免影响定位和划伤型材表面，并将加工件整齐地摆放在存放架上，无磕碰、划伤现象。

(9) 如果条件允许，尽可能使用直径较大的铣刀。

(10) 首件三检合格后方可批量生产。批量生产中，每10件产品要抽检一次加工尺寸及角度。如果超差或有超差迹象，应及时重新调整设备，确定加工尺寸稳定后再正常加工、检验。

(11) 加工完成并检验合格的型材要求每件均要贴标识，最后移交下序。

(七) 幕墙型材检验相关项目，见附录一。

项目2 建筑幕墙构件的工厂装配

一、单元式幕墙的装配

(一) 基本要求

1. 在水平力（风和地震）作用下，玻璃幕墙会随主体结构产生侧移，如果玻璃与铝框之间没有空隙或空隙留得过小，则铝框会挤压玻璃而使玻璃破碎。此外，考虑到玻璃和铝型材的热胀冷缩现象，玻璃与铝框之间也要有一定的空隙。

2. 单层玻璃及中空玻璃与铝框玻璃槽口的装配间隙应符合行业标准《玻璃幕墙工程技术规范》JGJ 102 的规定。

3. 玻璃与铝框装配时，在每块玻璃的下边应设置两个或两个以上的垫块支承玻璃，玻璃不得直接与铝框接触。垫块应由橡胶制成，必须耐老化，能保弹性。

4. 玻璃与铝框之间的装配间隙必须用建筑密封材料予以密封，并要求注胶均匀、密实、无气泡；注胶后应立即刮去多余的密封胶，并使密封胶胶缝表面平滑。

5. 当玻璃与铝框之间的间隙太深时，应先用聚氯乙烯发泡条填塞后，再注密封胶。

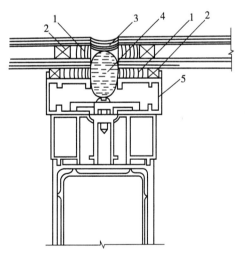

图 1-30 硅酮结构密封胶的使用

1—结构硅酮密封胶 2—垫条 3—耐候胶 4—泡沫棒 5—铝合金框

(二) 注胶

1. 一般要求

(1) 应设置专门的注胶车间，要求清洁无尘、无火种、通风良好，并备置必要的设备，使室内温度控制在 5~10℃之间，相对温度控制在 35%~75% 之间。

(2) 注胶操作者必须接受专门的业务培训，并经实际操作考核合格，方可持证上岗操作。

(3) 严禁使用过期的结构硅酮密封胶；未做相容性试验、蝴蝶试验等相关检验者，严禁使用，且全部检验参数合格的结构硅酮密封胶方可使用。如图 1-30、图 1-31 所示。

(4) 对注胶处的铝型材表面氧化膜和玻璃镀膜的牢固程度，必须进行一定的检验，如型材氧化镀膜粘接力测试等。

(5) 严格按标准、规范、设计图纸及工艺规程的要求，采用清洁剂、清洁用布、保护带等辅助材料。

2. 注胶处基材的清洁

（1）清洁是保证隐框玻璃幕墙玻璃与铝型材粘结力的关键工序，也是隐框玻璃幕墙安全性、可靠性的主要技术措施之一；所有与注胶处有关的施工表面都必须清洗，保持清洁、无灰、无污、无油、干燥。

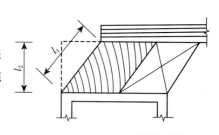

图 1-31 硅酮结构密封胶和双面胶带的拉伸变形

（2）注胶处基材的清洁，对于非油性污染物，通常采用异丙醇溶剂（50%异丙醇：水 =1：1）；对于油污染物，通常采用二甲苯溶剂。

（3）清洁用布应采用干净、柔软、不脱毛的白色或原色棉布。清洁时，必须将清洁剂倒在清洁布上，不得将布蘸入盛放清洁剂的容器中，以免造成整个溶剂污染。

（4）清洁时，采用"两次擦"工艺进行清洁，即用带溶剂的布顺一方向擦拭后，用另一块干净的干布在溶剂挥发前擦去未挥发的溶剂、松散物、尘埃、油渍和其他脏物，第二块布脏后应立即更换。

（5）清洁后，已清洁的部分决不允许再与手或其他污染源接触，否则要重新清洁，特别是在搬运、移动和粘贴双面胶条时一定注意。同时，清洁后的基材要求必须在 15~30min 内进行注胶，否则要进行第二次清洁。

3. 双面胶条的粘贴

（1）双面胶条粘贴的施工环境应保持清洁、无灰、无污，粘贴前应按设计要求核对双面胶条的规格、厚度，双面胶条厚度一般比注胶胶缝厚度大 1mm，这是因为玻璃放上后，双面胶条要被压缩 10%。

（2）按设计图纸确认铝框的尺寸形状无误后，按图纸要求在铝框上正确位置粘贴双面胶条，粘贴时，铝框的位置最好用专用夹具固定。

（3）粘贴双面胶条时，应使胶条保持直线，用力下按胶条紧贴铝框，但手不可触及铝型材的粘胶面；在放上玻璃之前，不要撕掉胶条的隔离纸，以防止胶条另一粘胶面被污染。

（4）按设计图纸确认铝框的尺寸形状与玻璃的尺寸无误后，将玻璃放到胶条上一次成功定位，不得来回移动玻璃，否则胶条上的不干胶沾在玻璃上，将难以保证注胶后结构硅酮密封胶的粘结牢固性，如果万一不干胶粘到已清洁的玻璃面上，应重新清洁。

（5）玻璃与铝框的定位误差应小于 ±1.0mm，放玻璃时，注意玻璃镀膜面的位置是否按设计要求正确放置。

（6）玻璃固定好后，及时将铝框—玻璃组件移至注胶间，并对其形状尺寸进行最后的校正；摆放时应保证玻璃面的平整，不得有玻璃弯曲现象。

4. 混胶与检验

(1) 常用硅酮结构密封胶有单组分和双组分两种类型。单组分在出厂时已配制完毕，灌装在塑料筒内，可直接使用，多用于小批量幕墙生产或工地临时补胶，但由于从出厂到使用中间环节多，有效期相对较短，局限性较大；一般最常用的是双组分，双组分由基剂和固化剂构成，分装在铁桶中，使用时再混合。

(2) 双组分结构胶在玻璃幕墙制作工厂注胶间内进行混胶，固化剂和基剂的比例必须按有关规定，并注意区分是体积比还是质量比。

(3) 双组分硅酮密封胶应采用专用的双组分硅酮打胶机进行混胶，混胶时，应先按照打胶机的说明清洗打胶机，调整好注胶嘴，然后按规定的混合比装上双组分密封剂进行充分地混合。

(4) 为控制好密封胶的混合情况，在每次混胶过程中应留出蝴蝶试样和胶杯拉断试样，及时检查密封胶的混合情况，并做好当班记录。

5. 注胶

(1) 注胶前应认真检查、核对密封胶是否过期，所用密封胶牌号是否与设计图纸要求相符，玻璃、铝框是否与设计图纸一致，铝框、玻璃、双面粘胶条等是否通过相容性试验，注胶施工环境是否符合规定。

(2) 隐框玻璃幕墙的结构胶必须用机械注胶，注胶要按顺序进行，以排走注胶空隙内的空气；注胶枪枪嘴应插入适当深度，使密封胶连续、均匀、饱满地注入注胶空隙内，不允许出现气泡；在接合处应调整压力保证该处有足够的密封胶。

(3) 在注胶过程中要注意观察密封胶的颜色变化，以判断密封胶的混合比的变化，一旦密封胶的混合比发生变化，应立即停机检修，并应将变化部位的胶体割去，补L合格的密封胶。

(4) 注胶后要用刮刀压平、刮去多余的密封胶，并修整其外露表面，使表面平整光滑，缝内无气泡；压平和修整的工作必须在所允许的施工时间内进行，一般在10～20min以内。

(5) 对注胶和刮胶过程中可能导致玻璃或铝框污染的部位，应贴纸基粘胶带进行保护；刮胶完成后应立即将纸基粘胶带除去。

(6) 对于需要补填密封胶的部位，应清洁干净并在允许的施工时间内及时补填，补填后仍要刮平、修整。

(7) 进行注胶时应及时做好注胶记录，记录应包括如下内容：

1) 注胶日期；

2) 结构胶的型号、大小桶的批号、桶号；

3) 双面胶带现格；

4) 清洗剂规格、产地、领用时间；

5) 注胶班组负责人、注胶人、清洗人姓名；

6) 工程名称、组件图号、规格、数量。

6. 静置与养护

（1）注完胶的玻璃组件应及时移至静置场静置养护，静置养护场地要求：温度为5~30℃。相对湿度为35%~75%、无油污、无大量灰尘，否则会影响结构密封胶的固化效果。

（2）双组分结构密封胶静置3~5d后，单组分结构密封胶静置7d后才能运输，所以要准备足够面积的静置场地。

（3）玻璃组件的静置可采用架子或地面叠放，当大批量制作时以叠放为多，叠放时一般应符合下述要求：

1）玻璃面积 <2m² 每垛堆放不得超过12块；

2）玻璃面积 >2m² 每垛堆放不得超过6块；

3）如为中空玻璃则数量减半，特殊情况须另行处理。

（4）叠放时每块之间必须均匀放置四个等边立方体垫块，垫块可采用泡沫塑料或其他弹性材料，其尺寸偏差不得大于0.5mm，以免使玻璃不平而压碎。

（5）未完全固化的玻璃组件不能搬运，以免粘结力下降；完全固化后，玻璃组件可装箱运至安装现场，但还需要在安装现场继续放置10d左右，使总的养护期达到14~21d，达到结构密封胶的粘结强度后方可安装施工。

（6）注胶后的成品玻璃组件应抽样作切胶检验，以进行检验粘接牢固性的剥离试验和判断固化程度的切开试验；切胶检验应在养护4d后至耐候密封胶打胶前进行，抽样方法如下：

1）100以内抽2件；

2）超过100加抽1件；

3）每组胶抽查不少于3件。

按以上抽样方法抽检，如剥离试验和切开试验有一件不合格，则加倍抽验，如仍有一件不合格，则加倍抽检，如仍有一件不合格，则此批产品视为不合格品，不得出厂安装使用。

（7）注胶后的成品玻璃组件可采用剥离试验结构密封胶的粘结牢固性。试验时先将玻璃和双面胶条从铝框上拆除，拆除时最好使玻璃和铝框各粘拉一段密封胶，检验时分别用刀在密封胶中间层切开50mm，再用手拉住切口的胶条向后撕扯，如果沿胶体中撕开则为合格，反之，如果在玻璃或铝材表面剥离，而胶体未破坏则说明结构密封胶粘结力不足或玻璃、铝材镀膜层不合格，成品玻璃组件不合格。

（8）切开试验可与剥离试验同时进行，切开密封胶的同时注意观察切口胶体表面，表面如果闪闪发光，非常平滑，说明尚未固化，反之，表面平整、颜色发暗，则说明已完全固化，可以搬运安装施工。

二、工厂装配期间的质量保证措施

（一）严格按照 ISO9001 质量认证程序文件及企业内部标准对整个生产过程进行检查和跟踪，并做好记录。确保整个工作具有可追溯性。本工程原辅材料深加工、幕墙单元构件组装，尤其是硅胶填注工作全部在工厂内完成。

（二）为确保成品、半成品符合本工程技术要求，金属构件工厂加要前再次对加工任务单与工程施工图进行核对，并再次对土建体结构进行复测。经主设计师与加工中心工艺工程师确认无误后方可开始加工。

（三）工厂加工工作将全部由具有岗资格、技术等级达到中级以上水平的技术工人和熟练工人完成，并严格按照行业内部最高技术标准进行生产，以求达到同类工程的最高质量。

（四）结构胶粘接质量是保证幕墙安全性能的关键，为此，硅胶填注工作应采用注胶机于工厂内密闭注胶间进行，并严格按照硅胶制造商所规定的注胶工艺规程进行注胶。同时严格控制硅胶的质量，并重点检查其保质期期限，杜绝过期的硅胶流入车间及用于工程。

（五）由于控制幕墙铝合金构件的加工精度是保证组装精度的唯一有效措施，为此应对加工精度装配方法、工卡、模具及工艺流程十分重视。一方面要严格按照本工程招标文件所述之加工和组装精度要求制定加工工艺和组织生产，另一方面要对幕墙构件截料前严格进行直线度检测，并控制构件加工截面、孔位偏差及装配后每边与对角偏差在允许范围内：

1. 构件截料长度允许偏差为 $\leq \pm 1mm$
2. 构件截料端头角度允许偏差为 $\leq -10°$
3. 构件截料端部无明显变形，其毛刺不大于 0.2mm
4. 孔中心允许偏差 $\leq \pm 0.3mm$
5. 孔中心距允许偏差 $\leq \pm 0.3mm$
6. 孔中心距累计允许偏差 $\leq \pm 0.3mm$
7. 幕墙构件装配后每边及对角线允许偏差 $\leq 2mm$

工厂加工过程中严格执行工序检查，落实自检、互检、专检的三检制度及单元构件的出厂检验，避免出现批量不合格制品流入下道工序及施工现场。

幕墙构件出厂前将进行质量自检，并实行抽样检查制。每次检验均按构件的 5% 进行抽样检查，抽检过程中如每批发现一个构件不符合本标书技术要求，均加位抽查，直至复验合格方可出厂。同时附有检验质量证书、安装图及其说明。

三、幕墙型材、构件加工相关构件质量标准见附录二

项目3 建筑幕墙物理性能检测

一、建筑幕墙性能要求

(一) 风压变形性能

分级标准按《建筑幕墙物理性能分级》GB/T 15225—1994 中的第 3.1 条执行。检测方法按《建筑幕墙风压变形性能检测方法》GB/T 15227—1994 中的规定进行。风压变形性能以安全检测压力差 p_3 进行分级,其分级指标应符合表 1-23 的规定。

建筑幕墙分压变形性能分级　　　　表 1-23

性能	计量单位	分级				
		I	II	III	IV	V
风压变形性	kPa	≥5	<5, ≥4	<4, ≥3	<3, ≥2	<2, ≥1

注:表中分级值与安全检测压力值相对应,表示在此风压作用下,幕墙受力构件的相对挠度值在 $L/180$ 以下,其绝对挠度值在 20mm 以内,如绝对挠度值超过 20mm 时,以 20mm 所对应的压力值为分级值;钢型材的相对挠度不应大于 $L/300$ (L 为立柱或横梁两支点间的跨度),绝对挠度不应大于 15mm,如绝对挠度值超过 15mm,以 15mm 所对应的压力值为分级值。

在《建筑幕墙》标准的修订版中,将对建筑幕墙的抗风压性能重新进行规定:

(1) 幕墙的抗风压性能指标应按 GB 50009 规定的方法计算确定,不应低于幕墙所受风荷载标准,且不应小于 1.0kPa;

(2) 在抗风压性能指标值作用下,幕墙的支承体系和面板的相对挠度和绝对挠度应满足要求,由本标准的各部分具体规定;

(3) 抗风压性能分级指标 p_3 应符合表 1-24 的要求。

建筑幕墙抗风压性能分级表 (kPa)　　　　表 1-24

分级代号	1	2	3	4	5
分级指标值 p_3	$1.0 \leq p_3 < 1.5$	$1.5 \leq p_3 < 2.0$	$2.0 \leq p_3 < 2.5$	$2.5 \leq p_3 < 3.0$	$3.0 \leq p_3 < 3.5$
分级代号	6	7	8	9	—
分级指标值 p_3	$3.5 \leq p_3 < 4.0$	$4.0 \leq p_3 < 4.5$	$4.5 \leq p_3 < 5.0$	$p_3 \geq 5.0$	—

注:表中 p_3 不应小于 ω_k;9 级时需同时标注 p_3 的实测值;分级指标值 p_3 为正、负抗风压性能的绝对值。

（二）水密性能

分级标准按《建筑幕墙物理性能分级》GB/T 15225—1994 中的第 3.3 条执行。检测方法按《建筑幕墙雨水渗漏性能检测方法》GB/T 15228—1994 中的规定进行。雨水渗漏性能以发生渗漏现象的前级压力差值 p 作为分级依据，其分级指标应符合表 1-25 的规定。

建筑幕墙水密性能分级表（Pa）　　　　　表 1-25

性能		分级				
		I	II	III	IV	V
雨水渗漏性	可开部分	≥500	<500，≥350	<350，≥250	<250，≥150	<150，≥100
	固定部分	≥2500	<2500≥1600	<1600，≥100	<1000，≥700	<700，≥500

注：设计时固定部分 p 值根据风荷载标准值除以 2.25 历得值进行确定，可开启部分的等级和固定部分相对应。

幕墙在风荷载标准值除以阵风系数后的风荷载值作用下，不应发生雨水渗漏。其雨水渗漏性能应符合设计要求。

同样，《建筑幕墙》标准的修订版中也将对幕墙水密性能指标做如下修订：

(1) GB 50178 中，ⅢA 和ⅣA 地区，即热带风暴和台风多发地区有相应的计算公式。

(2) 其他地区可按第（1）条计算值的 75% 进行设计，且固定部分取值不宜低于 700Pa，可开启部分与固定部分同级。

水密性能分级指标值应符合表 1-26 的要求。

建筑幕墙水密性能分级表（Pa）　　　　　表 1-26

分级代号		1	2	3	4	5
分级指标值 P	固定部分	500≤P<700	700≤P<1000	1000<P<1500	1500<P<2000	P≥2000
	可开启部分	250≤P<350	350≤P<500	500≤P<700	700≤P<1000	P≥1000

注：P：雨水渗透值。5 级时需同时标注固定部分和开启部分 P 的实测值。

有水密性要求的建筑幕墙在现场淋水试验中，不应发生雨水渗漏现象。

（三）气密性能

分级标准按《建筑幕墙物理性能分级》GB/T 15225—1994 中的第 3.2 条执行。检测方法按《建筑幕墙空气渗透性能检测方法》GB/T 15226—1994 中的规定进行。

空气渗透性能是以标准状态下,压力差为 10Pa 的空气渗透量为分级依据,其分级指标应符合表 1-27 的规定。

建筑幕墙气密性能分级表 [m³/(m·h)]　　　表 1-27

性能		分级				
		I	II	III	IV	V
空气渗透性	可开部分	≤0.5	>0.5, ≤1.5	>1.5, ≤2.5	>2.5, ≤4.0	>4.0, ≤6.0
	固定部分	≤0.01	>0.01, <0.05	>0.05, <0.10	>0.10, <0.20	>0.20, <0.50

有热工性能要求时,幕墙的空气渗透性能应符合设计要求。《建筑幕墙》标准的修订版中规定的建筑幕墙气密性能指标如下:

有采暖、通风、空气调节要求时,玻璃幕墙的气密性能不应低于 3 级 (GB/T 15226—1994),气密性能指标应符合 GB 50176 的有关规定,并满足节能标准和规范的要求。一般情况可按表 1-28 确定。

建筑幕墙气密性能设计指标一般规定　　　表 1-28

地区分类	建筑层数、高度	气密性能分级	气密性能指标	
			开启部分 q_L	幕墙整体 q_A
夏热冬暖地区	一般建筑 (10 层以下)	2	<2.5	<2.1
		3	<1.5	<1.2
其他地区	一般建筑 (7 层以下)	2	<2.5	<2.1
		3	<1.5	<1.2

开启部分气密性能分级指标 q_L 应符合表 1-29 的要求。

建筑幕墙开启部分气密性能分级表 [m³/(m·h)]　　　表 1-29

分级代号	1	2	3	4
分级指标值 q_L	$4.0 \geq q_L > 2.5$	$2.5 \geq q_L > 1.5$	$1.5 \geq q_L > 0.5$	$q_L \leq 0.5$

幕墙整体(含开启部分)气密性能分级指标 q_A 应符合表 1-30 的要求。

建筑幕墙气密性能分级表 [m³/(m·h)]　　　表 1-30

分级代号	1	2	3	4
分级指标值 q_A	$4.0 \geq q_A > 2.1$	$2.1 \geq q_A > 1.2$	$1.2 \geq q_A > 0.5$	$q_A \leq 0.5$

(四) 平面内变形性能

分级标准和检测方法按《建筑幕墙平面内变形性能检测方法》GB/T 18250—2000 的规定进行。平面内变形性能可用建筑物的层间相对位移值 y 表示，要求幕墙在设计允许的相对位移范围内不应损坏。平面内变形性能应按主体结构弹性层间位移值的 3 倍进行设计，其分级指标应符合表 1-31 的规定。

建筑幕墙平面内变形性能分级表　　　　表 1-31

分级指标	等级				
	Ⅰ	Ⅱ	Ⅲ	Ⅳ	Ⅴ
y	$y \geq 1/100$	$1/150 \leq y < 1/100$	$1/200 \leq y < 1/150$	$1/300 \leq y < 1/200$	$1/400 < y < 1/300$

注：表中 $y = \triangle/h$，$\triangle$ 为层间位移量，h 为层高。

《建筑幕墙》标准的修订版中规定的建筑幕墙平面内变形性能指标如下：

(1) 建筑幕墙层间值移量应不小于主体结构以弹性方法计算的层间位移控制值的 3 倍；

(2) 平面内变形性能分级指标 y 应符合表 1-32 的要求。

建筑幕墙平面内变形性能分级表　　　　表 1-32

分级代号	1	2	3	4	5
分级指标 y	$1/400 < y < 1/300$	$1/300 \leq y < 1/100$	$1/200 \leq y < 1/150$	$1/150 \leq y < 1/100$	$y \geq 1/100$

注：表中 $y = \triangle/h$，$\triangle$ 为层间位移量，h 为层高。

(五) 保温性能

分级标准按《建筑幕墙物理性能分级》GB/T 15225—1994 第 3.4 条执行。检测方法按《建筑外窗保温性能分级及其检测方法》GB 8484—2002 的规定进行。保温性能以传热系数 K 进行分级，其分级指标值应符合表 1-33 的规定。

建筑幕墙保温性能分级表　　　　表 1-33

性能	分级			
	Ⅰ	Ⅱ	Ⅲ	Ⅳ
保温性	≤ 0.70	>0.7，≤ 1.25	>1.25，≤ 2.00	>2.00，<3.00

注：表中 K 值为幕墙中固定部分和开启部分各占面积的加权平均值。

《建筑幕墙》标准的修订版中不仅规定了建筑幕墙的传热系数分级要求，还规定了玻璃幕墙的遮阳系数分级指标 SC，详细如下：

（1）建筑幕墙传热系数应按 GB 50176 的规定确定，并满足相关节能标准或规范的要求。建筑玻璃（或其他透明材料）幕墙遮阳系数应满足相关节能标准或规范的要求；

（2）幕墙在规定的环境条件下应无结露现象；

（3）对热工性能有特殊要求的建筑，应定期进行现场热工性能试验。

幕墙传热系数分级指标 K 应符合表 1-34 的要求。

建筑幕墙传热系数分级表　　　　表 1-34

分级代号	1	2	3	4
分级指标值 K	$5.0 \geqslant K > 4.0$	$4.0 \geqslant K > 3.0$	$3.0 \geqslant K > 2.5$	$2.5 \geqslant K > 2.0$
分级代号	5	6	7	—
分级指标值 K	$2.0 \geqslant K > 1.5$	$1.5 \geqslant K > 1.0$	$K \leqslant 1.0$	—

注：7 级时需同时标注 K 的实测值。

玻璃幕墙的遮阳系数分级指标 SC 应符合表 1-35 的要求。

建筑幕墙遮阳系数分级表　　　　表 1-35

分级代号	1	2	3	4
分级指标值 SC	$0.9 \geqslant SC > 0.8$	$0.8 \geqslant SC > 0.7$	$0.7 \geqslant SC > 0.6$	$0.6 \geqslant SC > 0.5$
分级代号	5	6	7	—
分级指标值 SC	$0.5 \geqslant SC > 0.4$	$0.4 \geqslant SC > 0.3$	$SC \leqslant 0.3$	—

注：7 级时需同时标注 SC 的具体值。

（六）隔声性能

分级标准按《建筑幕墙物理性能分级》GB/T 15225—1994 第 3.5 条执行。检测方法按《建筑外窗空气隔声性能分级及其检测方法》GB 8485—2002 的规定进行。隔声性能以空气计权隔声量 R_w 进行分级，其分级指标应符合表 1-36 的规定。

建筑幕墙隔声性能分级表　　　　表 1-36

性能	分级			
	I	II	III	IV
隔声性	≥40	<40，≥35	<35，≥30	30，≥25

《建筑幕墙》标准的修订版中将重新规定了建筑幕墙的隔声性能分级标准,空气声隔声性能应满足室内声环境的需要,符合 GBJ 118 的规定。空气声隔声性能分级指标 R_w 应符合表 1-37 的要求:

建筑幕墙空气声隔声性能分级表　　　　　　　　　　表 1-37

分级代号	1	2	3	4	5
分级指标值 R_w	$25 \leqslant R_w < 30$	$30 \leqslant R_w < 35$	$35 \leqslant R_w < 40$	$40 \leqslant R_w < 45$	$R_w \geqslant 45$

注:5 级时需同时标注 R_w 实测值。

(七) 耐撞击性能

分级标准按《建筑幕墙》JG 3035—1996 第 4.1.6 条执行。检测方法按《建筑幕墙》JG 3035—1996 附录 A 的 A1 规定进行。耐撞击性能以撞击物体的运动量 F 进行分级,分界线以不使幕墙发生损伤为依据,其分级指标应符合表 1-38 的规定:

建筑幕墙耐撞击性能分级表　　　　　　　　　　表 1-38

分级指标	等级			
	Ⅰ	Ⅱ	Ⅲ	Ⅳ
F	F>280	280>F≥210	210>F≥140	140>F≥70

耐撞击性能主要是对玻璃有耐撞击试验,对铝板的漆膜有耐冲击性试验,其测定方法可按现行标准 GB/T 1732 有关规定执行。由于石材板比较厚,在一般情况下不做耐冲击试验。关于石材板和金属板材耐冲击问题,在有关标准中没有表现出来,因石材板是脆性材料,只不过比玻璃板厚得多,其强度值同钢化玻璃差距不太大,因而可参照该试验方法。

《建筑幕墙》标准的修订版中将重新规定建筑幕墙的耐撞击性能分级指标和表示方法为:

(1) 耐撞击性能应满足设计要求。人员流动密度大或青少年、幼儿活动的公共建筑的建筑幕墙,耐撞击性能指标不应小于规范中表 3-17 的 2 级;

(2) 撞击能量 E 和撞击物体的降落高度 H 分级指标和表示方法应符合表 1-39 的要求。

建筑幕墙耐撞击性能分级   表1-39

分级指标		1	2	3	4
室内侧	撞击能量 E/N·m	700	900	>900	—
	降落高度 H/mm	1500	2000	>2000	—
室外侧	撞击能量 E/N·m	300	500	800	>800
	降落高度 H/mm	700	1100	1800	>1800

注：1. 性能标注时应按：室内侧定级值/室外侧定级值。例如：2/3 为室内 2 级，室外 3 级；
2. 当室内侧定级值为 3 级时标注撞击能量实际测试值，当室外侧定级值为 4 级时标注撞击能量实际测试值。例如：1200/1900 表示室内 1200N·m，室外 1900N·m。

（八）光学性能

建筑幕墙的采光性能分级参照建筑外窗的采光性能分级标准，即 GB/T 11976—2002《建筑外窗采光性能分级及其检测方法》，对有采光功能要求的建筑幕墙，其透光折减系数，不应低于 0.2。建筑幕墙的采光性能分级指标 T_r，应符合表 1-40 的要求。

建筑幕墙采光性能分级表   表1-40

分级代号	1	2	3	4	5
分级指标值 T_r	$0.2 \leq T_r < 0.3$	$0.3 \leq T_r < 0.4$	$0.4 \leq T_r < 0.5$	$0.5 \leq T_r < 0.6$	$T_r \geq 0.6$

注：T_r 值大于 0.6 时，应给出具体的实测值。

玻璃幕墙的光学性能应满足 GB/T 18091—2000《玻璃幕墙光学性就》的要求。

（九）抗震性能

建筑幕墙的抗震性能应满足现行 GB 50011—2001《建筑抗震设计规范》的要求，满足所在地抗震设防烈度的要求。幕墙试验样品在要求的试验加速度条件下不应发生破坏，试验应由国家技术监督部门认可的检验机构进行。具备下列条件之一时应进行振动台抗震性能试验：

（1）幕墙面板为脆性材料，在面积超过现行标准规范的限制时；

（2）幕墙面板为脆性材料且与主体结构之间的连接可能存在安全问题属于首次研发的新型连接体系，在首次应用时；

（3）幕墙应用高度超过标准或规范规定的高度限制时；

(4) 其他重要工程特殊要求时。

(十) 防火性能

建筑幕墙应按照建筑防火设计分区和层间分隔等要求采取防火措施,设计应符合《建筑设计防火规范》GBJ 16 2001 和《高层民用建筑设计防火规范》GB 50045—2001 的有关规定。幕墙应考虑火灾情况下救援人员的可接近性,必要时救援人员应能穿过幕墙实施救援。幕墙所用材料在火灾期间不应释放危及人身安全的有毒气体。

(十一) 防雷性能

建筑幕墙的防雷设计应符合《建筑物防雷设计规范》GB 50057—1994 的有关规定,幕墙金属构件之间应通过合格的连接件(防雷金属连接件应具有防腐蚀功能,其最小横截面面积应满足:铜 $25mm^2$、铝 $30mm^2$、钢材 $48mm^2$)连接在一起,形成自身的防雷体系并和主体结构的防雷体系有可靠的连接。幕墙框架与主体结构连接的电阻不应超过 1Ω,连接点与主体结构的防雷接地柱的最大距离不宜超过 10m。

建筑幕墙的检测分为形式检验、出厂检验、中间检验、材料进场检验和交收检验,对于建筑幕墙的物理性能来说,最重要的是形式检验。我国目前对于建筑幕墙来说,主要的检测项目为幕墙的抗风压性能、水密性能、气密性能和平面内变形性能,其他物理性能只是作为特殊要求时才进行的检验项目。

二、建筑幕墙物理性能测验设备

建筑幕墙的物理性能是建筑幕墙的最重要的质量指标,为加强建筑幕墙的市场管理,建设部先后颁布了多项有关规定,对建筑幕墙的物理性能试验提出了强制性的要求。目前,我们通常所说的建筑幕墙的"三性"是指建筑幕墙的空气渗透性能、雨水渗漏性能和风压变形性能,如果再加上建筑幕墙的平面内变形性能,则称为幕墙的"四性"。

随着对建筑幕墙物理性能要求的不断提高,各种大尺寸、多功能的建筑幕墙物理性能检测设备也相继研制成功。1997 年初,广东省建筑科学研究院投资 170 多万元开始着手研制大型的建筑幕墙物理性能检测设备,并于同年 11 月中旬投入运行,该设备能够满足各种类型建筑幕墙(特别是高层建筑的大型幕墙)试验的要求;1999 年 3 月,由中国建筑科学研究院和日本共同投资、设计研制的大型幕墙动风压·层间变位检测设备调试完成并投入使用;随后,也有数家研究院所和仪器设备公司相继开发研制了不同规格的建筑幕墙检测设备。

建筑幕墙物理性能检测设备组成系统

目前,常见的建筑幕墙物理性能检测设备主要是通过模拟自然界的风、雨、地震作用等自然现象,并提供不同的效应组合用来检测建筑幕墙的水密性能、气密性能、抗风压性能和平面内变形性能。设备的主要原理是参照现行国标《建筑幕墙空气渗透性能检测方法》GB/T 15226—1994、《建筑幕墙风压变形性能检测方法》GBiT 15227—1994、《建筑幕墙雨水渗漏性能检测方法》GB/T 15228—1994 和《建筑幕墙平面内变形性能检测方法》GB/T 18250—2000 规定的试验方法，检测设备原理示意图如图 1-32 所示。目前，国内较为先进的建筑幕墙物理性能检测系统主要包括以下几个组成部分：

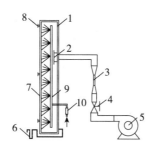

1—压力箱；2—进气口挡板；3—空气流量计；4—压力控制装置；5—供风系统；
6—压差计；7—试件；8—安装框架；9—淋水装置；10—水流量计

图 1-32　建筑幕墙物理性能检测设备原理示意图

(1) 压力箱

采用钢板焊接成一个移动式箱体，在进行三性试验时压力箱推过来与反力架合拢，安装在假想楼板上的幕墙试件密封与压力箱形成一个密闭箱体，升高或降低箱体内部的压力在幕墙试件内外形成压力差，模拟试件受到风荷载作用的条件。箱体内布有雨水喷淋系统，通过转子流量计来控制水的流量。整个系统可进行建筑幕墙的空气渗透、雨水渗漏、风压变形性能试验。压力箱下部安装有轨道，三性试验完成后，压力箱移开进行层间变位试验，即平面内变形性能试验。

建筑幕墙测试系统中的压力箱图 1-33 (*a*) 所示。

(2) 反力架/安装框

反力架为固定式系统，安装框可设计为反力架上或单独的安装框架，用于安装幕墙试件，整体具有足够的刚度，避免了受力时自身变形影响检测结果的准确性。反力架/安装框采用悬吊式平行四边形摆式机构，使每个假想楼板（模拟楼层）可以实现同步位移角，以便进行建筑幕墙的平面内变形性能试验。建筑幕墙测试系统中的反力架如图 1-33 (*b*) 所示。

图 1-33 建筑幕墙测试系统——压力箱和反力架

(3) 供风系统

采用高功率离心风机，通过风管向压力箱供气，以改变压力箱内的压力。风机具有足够的容量，可以满足压力波动的要求。设备可以安装在地下或采取相应的消声处理，以便降低风机的噪声。建筑幕墙测试系统中的供风系统如图 1-34 所示。

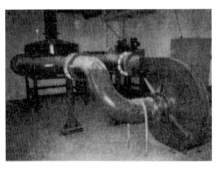 

图 1-34 建筑幕墙测试系统——供风系统

(4) 层间变位驱动系统

使用大型油压泵站驱动液压油缸，带动平行四边形机构做往复运动，加载装置要有足够的加载能力和行程，以满足试件的试验要求。层间变动驱动系统如图 1-35 所示。

图1-35 建筑幕墙测试系统——层间变位驱动系统

(5) 操作控制系统

采用计算机全反馈闭环自动化控制，只需要设定试验所需的波形，系统便可达到所需的压力，也可根据需要进行线性反馈控制或全手动控制。通过计算机软件进行数据的采集和处理。操作控制系统如图1-36（a）所示。

(6) 数据采集系统

利用传感器测量建筑幕墙杆件和面板的变形，通过多通道数字采集仪进行数据的采集和处理。数据采集系统如图1-36（b）所示。

(a)   (b)

图1-36 建筑幕墙测试系统——数据采集系统和操作控制系统

(7) 其他装置

包括动态监控系统、起重机械等其他辅助设备。建筑幕墙物理性能检测系统应运用智能仪表、现场总线技术、虚拟仪表技术、影像处理技术、计算机数据库及计算机网络等技术，以实现对建筑幕墙物理性能的智能、高效、稳定检测。

三、建筑幕墙性能测试方法

建筑幕墙检测设备性能指标

根据《建筑幕墙空气渗透性能检测方法》GB/T 15226—1994、《建筑幕墙风压变形性能检测方法》GB/T 15227—1994、《建筑幕墙雨水渗漏性能检测方法》GB/T 15228—1994和《建筑幕墙平面内变形性能检测方法》GB/T 18250/2000规定的试验方法对检测设备技术指标和精度的要求，建筑幕墙检测设备应满足以下性能指标：

(1) 建筑幕墙检测设备应满足试件安装尺寸的要求。箱体应具有足够的强度，应能承受检测过程中可能出现的压力差。试件宽度应包括不少于三个垂直受力杆件、高度应不低于一个层高，国内一般的大型幕墙的检测设备容许的最大试件尺寸一般在 5000～7000mm（宽）×9000～11000mm（高）。

(2) 供风设备应能产生正负双向的压力差，并能达到检测所需要的最大压力差；压力控制装置应能调节出稳定的气流，并能在规定的时间达到检测风压压力箱可达到的最大静压差，压力箱最大的静压差一般为 -10kPa～+10kPa，试验压力、幕墙变形经传感器将信号输入微机自动采集系统整理，输出结果；

(3) 压差计的两个探测点应在试件两侧就近布置，精度应达到示值的 1%，响应速度应满足波动风压测量的要求，压差计的输出信号应由图表记录仪或可显示压力变化的设备记录；

(4) 位移计的精度应达到满量程 0.25%，位移测量仪表的安装支架应保证其在测试过程中的紧固性，并应保证位移的测量不受试件或试件支承设施的变形、移动所影响。

四、建筑幕墙检测试验主要内容

幕墙性能主要试验内容一般为：雨水渗漏试验、空气渗透试验、抗风压试验等，试验过程中严格执行 GB/T15227—94、GB/T15228—94、GB/15226—96 标准以及合同指标。

一、三性性能试验

（一）风压试验

用来判定幕墙试件的强度（刚度），测试在 30 或 50 年一遇的台风作用下的安全及使用性能，这是幕墙结构设计的关键。该项试验分静压和动压两种情况，采用全闭环自动控制实现波动压力上下限的控制，波动周期可调，可以满足不同的需要。

风压试验中，严格按照中华人民共和国行业标准《玻璃幕墙工程技术规范》JGJ102—2003 和《建筑幕墙风压变形检测方法》GB/T15227—94 标准以下列要求进行幕的风压试验：

(1) 测试装置提供模拟风压及吸力；

(2) 测试静压先进行正压测试，再进行负压测试，测试压力分级升降，每级增加 0.5kPa，每级力作用时间不少于 10 秒直至 1.5 倍的最高设计风压为止；

(3) 测试动压以每级测试压力为波峰进行波动测试，每级增加 0.5kPa，直至 1.5 倍的最高风压为止。每级波动压力持续时间不少于 60 秒，波动次数不少于 10 次。

（4）经施加测试荷载之后，样板没有任何明显破裂渗水、构件分离、塑性变形或其他不利的影响；

（5）测试所记录的数值必须符合本工程的设计要求；

（6）试验荷载除去后 15 分钟，构件的变形最少可复原 95%。

（二）空气渗透能力测试

用于判定在室内外压差作用下建筑幕墙的空气渗透性能。由于仪器精度和检测方法的不同，这项检测经常出现不合理的检验结果，该项检验的可靠性一直是幕墙测试行业关心的问题。可按照以下措施进行：

（1）试验符合中华人民共和国行业标准《玻璃幕墙工程技术规范》JGJ102—2003 和《建筑幕墙雨水渗漏性能检测方法》GB/T15226—96 标准以及以下要求：测试装置保证压力箱的密封性。在进行测试前先完全打开再关闭及锁上开启窗 5 次或以上；

（2）测试压力依次分级增加，由 0~300pa 为止。并记录 100、200 及 300pa 压力差作用下的空气渗透测定量。

（三）雨水渗漏能力试验

用于判定建筑幕墙在室内外不同压差和不同降雨量情况下的雨水渗漏性能检测，分为静压和波动压两种情况：

（1）静态雨水渗漏性能检测：采用稳定加压，可以精确判定幕墙的水密性能。

（2）波动压雨水渗漏性能检测：国家标准对于波动压力的上下限有严格的规定，在检测过程中很难控制，设备应采用先进的控制元件和工作原理进行精确控制，选用功率足够的供风系统，以达到标准的性能要求。

学习情境 2

幕墙施工质量检查

项目1 建筑幕墙工程材料进场检查

材料进场时，要把材料关，严格材料、构配件进场申报和见证抽样复检规定，不合格或过期材料，书面通知限期撤出现场。

一、玻璃幕墙材料

在幕墙明显部位标明下列标志：

1. 制造厂厂名；
2. 产品名称和标志；
3. 制作日期和标志；
4. 包装箱上的标志应符合GB6388的规定。
5. 明显的"怕湿"、"小心轻放"、"向上"等标志，其图形应符合GB191的规定。

二、包装

1. 幕墙部位应使用无腐蚀作用的材料包装。
2. 包装箱应有足够的牢固程度，以能保证在运输过程中不会损坏。
3. 装入箱内的各类部件应保证不会发生相互碰撞。

三、运输

1. 部件在运输过程中应保证不会发生相互碰撞。
2. 部件搬运时应轻放，严禁摔、扔、碰撞。

四、储存

1. 部件应放在通风、干燥的地方，严禁与酸碱等类物质接触，并要严防雨水渗入。
2. 部件不允许直接接触地面，应用不透水的材料在部件底部垫高100mm以上。

上述材料进场要求要切实执行，有哪方面不合要求的决不允许材料进场。

项目 2 建筑幕墙节点与连接件检验

一、节点与连接检验抽样规则

每副幕墙应按各类节点总数的 5% 抽样检验,且每类节点不应少于 3 个;锚栓应按 5‰抽样检验,且每种锚栓不得少于 5 根;对已完成的幕墙金属框架,应提供隐蔽工程检验验收记录。当隐蔽工程检查记录不完整时,应对该幕墙工程的节点拆开进行检验。

二、检验项目与检验方法

建筑幕墙节点与连接检验项目与检验方法见表 2-1。

建筑幕墙节点与连接检验项目与检验方法　　表 2-1

检验项目	相关规定	检验方法
预埋件与幕墙的连接	(1) 连接件、绝缘片、紧固件的规格、数量应符合设计要求; (2) 连接件应安装牢固,螺栓应有防松脱措施; (3) 连接件的可调节构造应用螺栓牢固连接,并有防滑动措施,角码调节范围应符合使用要求; (4) 连接件与预埋件之间的位置偏差使用钢板或型钢焊接调整时,构造形式与焊缝应符合设计要求; (5) 预埋件、连接件表面防腐层应完整、不破损	检验预埋件与幕墙连接,应在预埋件与幕墙连接节点处观察,手动检查,并采用分度值为 1mm 的钢直尺和焊缝量规测量
锚栓的连接	(1) 使用锚栓进行锚固连接时,锚栓的类型、规格、数量、布置位置和锚固深度必须符合设计和有关标准的规定; (2) 锚栓的埋设应牢固、可靠,不得露套管	(1) 用精度不大于全量程的 2% 的锚栓拉拔仪、分辨率为 0.01mm 的位移计和记录仪检验锚栓的锚固性能; (2) 观察检查锚栓埋设的外观质量,用分辨率为 0.05mm 的深度尺测量锚固深度
幕墙顶部连接	(1) 女儿墙压顶坡度正确,罩板安装牢固,不松动、不渗漏、无空隙。女儿墙内侧罩板深度不应小于 150mm,罩板与女儿墙之间的缝隙应使用密封胶密封; (2) 密封胶注胶应严密平顺,粘结牢固,不渗漏,不污染相邻表面	检验幕墙顶部的连接时,应在幕墙顶部和女儿墙压顶部位手动和观察检查,必要时也可进行淋水试验

续表

检验项目	相关规定	检验方法
幕墙底部连接	(1) 镀锌钢材的连接件不得同铝合金立柱直接接触； (2) 立柱、底部横梁及幕墙板块与主体结构之间应有伸缩空隙。空隙宽度不应小于15mm并用弹性密封材料嵌填，不得用水泥砂浆或其他硬质材料嵌填； (3) 密封胶应平顺严密、粘结牢固	幕墙底部连接的检验，应在幕墙底部采用分度值为1mm的钢直尺测量和观察检查
立柱连接	(1) 芯管材质、规格应符合设计要求； (2) 芯管插入上下立柱的长度均不得小于200mm； (3) 上下两立柱间的空隙不应小于10mm； (4) 立柱的上端应与主体结构固定连接，下端应为可上下活动的连接	立柱连接的检验，应在立柱连接处观察检查，并应采用分辨率为0.05mm的游标卡尺和分度值为1mm的钢直尺测量
梁、柱连接节点	(1) 连接件、螺栓的规格、品种、数量应符合设计要求。螺栓应有防松脱的措施，同一连接处的连接螺栓不应少于两个，且不应采用自攻螺钉； (2) 梁、柱连接应牢固不松动，两端连接处应设弹性橡胶垫片，或以密封胶密封； (3) 与铝合金接触的螺钉及金属配件应采用不锈钢或铝制品	在梁、柱节点处观察和手动检查，并应采用分度值为1mm的钢直尺和分辨率为0.02mm的塞尺测量
变形缝节点连接	(1) 变形缝构造、施工处理应符合设计要求； (2) 罩面平整、宽窄一致，无凹瘪和变形； (3) 变形缝罩面与两侧幕墙结合处不得渗漏	在变形缝处观察检查，并应采用淋水试验检查其渗漏情况
幕墙内排水构造	(1) 排水孔、槽应畅通不堵塞，接缝严密，设置应符合设计要求； (2) 排水管及附件应与水平构件预留孔连接严密，与内衬板处水孔连接处应设橡胶密封圈	在设置内排水的部位观察检查
全玻幕墙玻璃与吊夹具的连接	(1) 吊夹具和衬垫材料的规格、色泽和外观应符合设计和标准要求； (2) 吊夹具应安装牢固，位置准确； (3) 夹具不得与玻璃直接接触； (4) 夹具衬垫材料与玻璃应平整结合、紧密牢固	在玻璃的吊夹具处观察检查，并应对夹具进行力学性能检验
拉杆（索）结构连接节点	(1) 所有杆（索）受力状态应符合设计要求； (2) 焊接节点焊缝应饱满、平整光滑； (3) 节点应牢固，不得松动，紧固件应有防松脱措施	在幕墙索杆部位观察检查，也可采用拉杆（索）张力测定仪对索杆的应力进行测试
点支承装置	(1) 点支承装置和衬垫材料的规格、色泽和外观应符合设计和标准要求； (2) 点支承装置不得与玻璃直接接触，衬垫材料的面积不应小于点支承装置与玻璃的结合面； (3) 点支承装置应安装牢固，配合严密	在点支承装置处观察检查

项目3 建筑幕墙安装质量检验

一、一般规定

（一）幕墙所用的构件，必须经检验合格方可安装；

（二）玻璃幕墙安装，必须提交工程所采用的玻璃幕墙产品的空气渗透性能、雨水渗漏性能和风压变形性能的检验报告，还应根据设计的要求，提交包括平面内变形性能、保温隔热性能等的检验报告；

（三）安装质量的抽检，应符合下列规定：

1. 每幅幕墙均应按不同分格各抽查5%，且总数不得少于10个；

2. 竖向构件或拼缝、横向构件或拼缝各抽查5%，且不应少于3条；开启部位应按种类各抽查5%，且每一种类不应少于3樘。

二、检验项目

检验项目，见表2-2~表2-6。

预埋件和连接件安装质量　　　　　　表2-2

序号	检验项目	检验指标	检验方法
1	幕墙预埋件和连接件的数量、埋设方法及防腐处理	应符合设计要求	与设计图纸校对，也可打开连接部位进行检验
2	标高偏差	≤±10mm	水平仪、分度值为1mm的钢直尺或钢卷尺
3	预埋位置与设计位置的偏差	≤±20mm	

竖向构件的安装质量　　　　　　表2-3

序号	检验项目		允许偏差/mm	检验方法
1	构件整体垂直度	$h \leq 30m$	≤10	用经纬度仪测量，垂直于地面的幕墙，垂直度应包括平面内和平面外两个方向
		$30m \leq h \leq 60m$	≤15	
		$60m \leq h \leq 90m$	≤20	
		$h > 90m$	≤25	
2	竖向构件直线度		≤2.5	用2m靠尺，塞尺测量
3	相邻两竖向构件标高偏差		≤3	用水平仪和钢直尺测量

续表

序号	检验项目		允许偏差/mm	检验方法
4	同层构件标高偏差		≤5	用水平仪和钢直尺以构件顶端为测量面进行测量
5	相邻两竖向构件间距偏差		≤2	用钢卷尺在构件顶端测量
6	构件外表面平面度	相邻三构件	≤2	用钢直尺和尼龙线或激光全站仪测量
		$b≤20m$	≤5	
		$b≤40m$	≤7	
		$b≤60m$	≤9	
		$b≤60m$	≤10	

横向主要构件安装质量　　　　　表2-4

序号	检验项目		允许偏差/mm	检验方法
1	单个横向构件水平度	$l≤2m$	≤2	用水平尺测量
		$l>2m$	≤3	
2	相邻两横向构件间距差	$s≤2m$	≤1.5	用钢卷尺测量
		$s>2m$	≤2	
3	相邻两横向构件端部标高差		≤1	用水平仪、钢直尺测量
4	幕墙横向构件高度差	$b≤35m$	≤5	用水平仪测量
		$b>35m$	≤7	

备：l—长度，s—间距，b—幕墙宽度。

幕墙分格框对角线偏差　　　　　表2-5

项目		允许偏差/mm	检验方法
分格框对角线偏差	$ld≤2m$	≤3	用对角尺或钢卷尺测量
	$la>2m$	≤3.5	

玻璃幕墙安装质量检验　　　　　表2-6

分类	检验指标	检验方法
	玻璃安装质量	
明框玻璃幕墙	(1) 玻璃与构件槽口的配合尺寸应符合设计及规范要求，玻璃嵌入量不得小于15mm； (2) 每块玻璃下部应设不少于两块弹性定位块，垫块的宽度与槽口宽度相同，长度不应小于100mm，厚度不应小于5mm； (3) 橡胶条镶嵌应平整、密实，橡胶条长度宜比边框内槽口长1.5%~2.0%，其断口应留在四角，拼角处应粘结牢固； (4) 不得采用自攻螺钉固定承受水平荷载的玻璃压条。压条的固定方式、固定点的数量应符合设计要求。	观察检查、查验施工记录和质量保证资料；也可打开采用分度值为1mm的钢直尺或分辨率为0.5mm的游标卡尺测量垫块长度和玻璃嵌入量

续表

分类	检验指标	检验方法
明框玻璃幕墙	拼缝质量	
	（1）金属装饰压板应符合设计要求，表面应平整，色彩应一致，不得有变形、波纹和凹凸不平，接缝应均匀严密； （2）明框拼缝外露框料或压板应横平竖直，线条通顺，并应满足设计要求； （3）阳压板有防水要求时，必须满足设计要求；排水孔的形状、位置、数量应符合设计要求，且排水通畅	与设计图纸核对，采用观察检查和打开检查的方式来检查拼缝质量
隐框玻璃幕墙	组件的安装质量	
	（1）玻璃板块组件必须安装牢固，固定点距离应符合设计要求且不宜大于300mm，不得采用自攻螺钉固定玻璃板块； （2）结构胶的剥离试验应符合标准要求； （3）隐框玻璃板块在安装后，幕墙的平面度允许偏差不应大于2.5mm，相邻两玻璃之间的接缝高低差不应大于1mm； （4）隐框玻璃板块下部应设置支承玻璃的托板，厚度不应小于2mm	在隐框玻璃于框架连接处采用2m靠尺测量平面度，采用分度值为0.05mm的深度尺测量接缝高低差，采用分度值为1mm的钢直尺测量托板的厚度

拼缝质量的检测

检验项目	检验指标	检验方法
拼缝外观	横平竖直，缝宽均匀	观察检查
密封胶施工质量	符合规范要求，填嵌密实、均匀、光滑、无气泡	查质保资料，观察检查
拼缝整体垂直度	$h \leq 30m$ 时，$\leq 10mm$	用经纬仪或激光全站仪测量
	$30m < h \leq 60m$ 时，$\leq 15mm$	
	$60m < h \leq 90m$ 时，$\leq 20mm$	
	$h > 90m$ 时，$\leq 25mm$	
拼缝直线度	$\leq 2.5mm$	用2m靠尺测量
缝宽度差（与设计值比）	$\leq 2mm$	用卡尺测量
相邻面板接缝高低差	$\leq 1mm$	用深度尺测量

续表

分类	检验指标	检验方法
	安装质量	
全玻璃幕墙和点支承玻璃幕墙	(1) 幕墙玻璃与主体结构连接处应嵌入安装槽口内，玻璃与槽口的配合尺寸应符合设计和规范要求，其嵌入深度不应小18mm； (2) 玻璃与槽口间的空隙应有支承垫块和定位垫块，其材质、规格、数量和位置应符合设计和规范要求，不得用硬性材料填充固定； (3) 玻璃肋的宽度、厚度应符合设计要求。玻璃结构密封胶的宽度、厚度应符合设计要求，并应嵌填平顺、密实、无气泡、不渗漏； (4) 单片玻璃高度大于4m时，应使用吊夹或采用点支承方式使玻璃悬挂； (5) 点支承玻璃幕墙应使用钢化玻璃，不得使用普通浮法玻璃，玻璃开孔的中心位置距边缘距离应符合设计要求，并不得小于100mm； (6) 点支承玻璃幕墙支承装置安装的标高偏差不应大于3mm，其中心线的水平偏差不应大于3mm 相邻两支承装置中心线间距偏差不应大于2mm。支承装置与玻璃连接件的结合面水平偏差应在调节范围内，并不应大于10mm	(1) 用表面应力检测仪检查玻璃应力； (2) 与设计图纸核对，查质量保证资料； (3) 用水平仪、经纬仪检查高度偏差； (4) 用分度值为1mm的钢直尺或钢卷尺检查尺寸偏差
	检验指标	检验方法
玻璃幕墙与周边密封质量	(1) 玻璃幕墙四周与主体结构之间的缝隙，应采用防火保温材料严密填塞，水泥砂浆不得与铝型材直接接触，不得采用干硬性材料填塞。内外表面应采用密封胶连续封闭，接缝应严密不渗漏，密封胶不应污染周围相邻表面； (2) 幕墙转角、上下、侧边、封口及周边墙体的连接构造应牢固并满足密封防水要求，外表应整齐美观； (3) 幕墙玻璃与室内装饰物之间的间隙不宜少于10mm	应核对设计图纸，观察检查，并用分度值为1mm 的钢直尺测量，必要时进行淋水试验
玻璃幕墙外观质量	(1) 玻璃的品种、规格与色彩应符合设计要求，整幅幕墙玻璃颜色应基本均匀，无明显色差，色差不应大于3CIELAB 色差单位；玻璃不应有析碱、发霉和镀膜脱落等现象； (2) 钢化玻璃表面不得有伤痕； (3) 热反射玻璃膜面应无明显变色、脱落现象，其表面质量应符合下表要求：	

续表

分类	检验指标	检验方法
玻璃幕墙外观质量	每平方米玻璃表面质量要求 | 项目	质量要求
---	---
0.1~0.3 宽划伤痕	$a<100$ mm 时，不超过 8 条
擦痕	<500 mm^2 | （4）热反射玻璃的镀膜面不得暴露于室外； （5）型材表面应清洁，无明显擦伤、划伤；铝合金型材及玻璃表面不应有铝屑、毛刺、油斑、脱膜及其他污垢。型材的色彩应符合设计要求并应均匀，并应符合下表的要求； 一个分隔铝合金料表面质量指标 | 项目	质量要求
---	---
擦伤、划痕深度	≤氧化膜厚的 2 倍
擦伤总面积 / mm^2	≤500
划伤总长度 / mm	≤150
擦伤和划伤处数	不超过 4 处 | （6）幕墙隐蔽节点的遮封装修应整齐美观	（1）在较好自然光下，距幕墙 600 mm 处观察表面质量，必要时用精度 0.1 mm 的读数显微镜观测玻璃、型材的擦伤、划痕； （2）对热反射玻璃膜面，在光线明亮处，以手指按住玻璃面，通过实影、虚影判断膜面朝向； （3）观察检查剥离颜色，也可用分光测色仪检验玻璃色差
保温隔热构造安装质量	（1）幕墙安装内衬板时，内衬板四周宜套装弹性橡胶密封条，内衬板应与构件接缝严密； （2）保温材料应安装牢固，并应与玻璃保持 30 mm 以上的距离。保温材料的填塞应饱满、平整，不留间隙，其填塞密度、厚度应符合设计要求。在冬季取暖的地区，保温棉板的隔汽铝箔面应朝向室内，无隔汽铝箔面时应在室内侧有内衬隔汽板	观察检查、与设计图纸核对，查施工记录，必要时打开检查
开启部位安装质量	（1）开启窗、外开门应固定牢固，附件齐全，安装位置正确；窗、门框固定螺钉的间距应符合设计要求并不应大于 300 mm，与端部距离不应大于 180 mm；开启窗开启角度不应大于 30°，开启距离不宜大于 300 mm；外开门应安装限位器或闭门器； （2）窗、门扇应开启灵活，端正美观，开启方向、角度应符合设计的要求；窗、门扇关闭应严密，间隙均匀，关闭后四周密封条均处于压缩状态。密封条接头应完好、整齐； （3）窗、门框的所有型材拼缝和螺钉孔宜注耐候密封胶，外表整齐美观。除不锈钢材料外，所有附件和固定件应作防腐处理； （4）窗扇与框搭接宽度差不应大于 1 mm	与设计图纸核对，观察检查，并用分度值为 1 mm 的钢直尺测量

项目4　建筑幕墙工程施工过程检查

幕墙构件的加工控制目的是为了确保工程建设质量、提高工程建设水平和充分发挥投资效益，实现幕墙构件加工控制的首要选择，建筑幕墙工程从招投标开始到工程竣工验收，是一个多工序的复杂过程，因此必须严格地监理幕墙工程的全过程，才能保证工程质量。根据工程阶段的划分原则，建筑幕墙工程构件加工控制全过程可分为"事前控制、事中控制和事后控制"三个步骤。

一、事前构件加工控制要点与方法

（一）审核产品制作、施工安装企业资质

对幕墙产品制作执行生产许可制度。凡生产制作幕墙产品的企业，必须持有产品生产许可证，无证企业不得生产和销售。幕墙施工安装企业必须持有建设行政主管部门核发的企业资质证书，按证书所核定的工程承包范围承接幕墙工程，严禁无资质承包及越级承包幕墙工程。

（二）组织图纸会审

首先应学习图纸，施工单位根据效果图及框架实际几何尺寸出施工图及节点大样图和结构计算书，须经业主、设计确认，再进行图纸会审。图纸会审重点为：

1. 图纸是否符合技术规范要求；
2. 设计是否满足安全、合理、技术先进的原则；
3. 设计是否满足建设单位使用要求；
4. 施工是否方便、合理、节约；
5. 对重点部位的设计意图、技术要求、难点及质保措施，向施工单位作技术交底。

（三）审核施工组织设计方案

幕墙的施工安装质量，是直接影响幕墙安装后能否满足幕墙的建筑物理性能及其他性能要求的关键，同时幕墙施工又是多工种联合施工，和其他分项工程施工又有交叉和衔接。因此，为保证幕墙施工安装质量，要求施工安装单位单独编制幕墙施工组织设计方案，事前构件加工控制重点审核内容有：

1. 施工单位的组织架构、责任和职权；
2. 选定"三性"试验试件尺寸、要求及检验单位；

3. 构件半成品的运输路线、距离、时间安排、车辆类型、数量；

4. 场内搬运的作业时间安排、卸货机具、堆放场地；

5. 质量要求及检查计划，包括：主体结构安装、锚固件位置、构件安装的允许偏差；

6. 施工方法、要求和规程，包括：安装工序、安装机具和工具、脚手架、铁码与预埋件连接、立柱与横梁安装及位置调整、焊接防锈措施、板材安装、防火棉安装、防雷系统安装、注耐候密封胶的顺序、铝框和玻璃保护；

7. 安全措施及劳保计划，包括：起吊、卸货安全要求，防止高空坠落，安全带使用等。

二、事中前构件加工控制要点与方法

（一）幕墙构件加工制作控制要点与方法

1. 幕墙使用的所有材料和附件，都必须有产品合格证和说明书以及执行标准的编号，特别是主要部件、与安全有关的材料和附件，严格检查其质量，检查出厂时间、存放有效期，严禁使用过期材料殁附件；

2. 加工幕墙构件的设备和量具应能达到幕墙构件加工精度要求，要定期进行检查和计量认证；

3. 隐框幕墙的结构装配组合件应在生产车间制作，不得在现场进行，幕墙构件加工车间要求清洁、干燥、通风良好，温度也应满足加工的需要，夏季应有降温措施。对于结构硅酮密封胶的施工车间要求较严格，除要求清洁无尘土外，室内温度不宜高于27℃，相对湿度不宜低于50%；

4. 不得使用过期的结构硅酮密封胶和耐候硅酮密封胶；

5. 幕墙构件加工精度应符合国家标准和规范的要求；

6. 幕墙构件装配尺寸允许偏差应符合国家标准和规范的要求；

7. 构件的连接应牢固，各构件连接处的缝隙应进行密封处理；

8. 玻璃幕墙的加工组装应保证玻璃边缘应进行处理，其加工精度符合设计要求；高度超过4m的玻璃应悬挂在主体结构上；玻璃与玻璃、玻璃与玻璃肋之间的缝隙，应采用结构硅酮密封胶密封严实；

9. 对幕墙玻璃及支持物的清洁用溶剂应符合工程要求，使用应按规范进行；

10. 幕墙构件应按构件的5%进行抽样检查，且每种构件不得小于5件。当有一个构件不符合规范要求时，应加倍抽查，复验合格后方可出厂。产品出厂时，应附有检验质量证书、安装图及其说明。

（二）幕墙的施工安装要点控制及方法

1. 幕墙安装前对进场构件、附件、玻璃、密封材料和胶垫等的材料品种、规格、色泽和性能，按设计质量要求进行检查和验收，不合格和过期的材料不得使用；

2. 幕墙单元组件、试样必须经建设行政主管部门核定的幕墙工程质量检测机构进行检测。单元组件试样不符合要求的不得进行施工安装。正式安装前，施工单位应在现场设置1：1单元样板，经设计、监理单位确认，以此作为检查依据、验收标准；

3. 对幕墙施工环境和分项工程顺序要认真研究，对幕墙安装造成严重污染的分项工程应安排在幕墙安装前施工，否则应采取可靠的保护措施，才能进行幕墙施工安装。

（三）幕墙的保护和清洗

幕墙的保护是幕墙施工安装过程十分值得注意但又易被忽视的问题，构件、玻璃和密封应采取必要的保护措施，使其不发生碰撞变形、变色、污染和排水管堵塞等现象。

施工中，幕墙及其构件表面的粘附物应及时清理干净，以免凝固后再清理时划伤表面的装饰层。幕墙工程安装完成后应制订清扫方案。幕墙交工前应从上到下清洗，分别用清洗玻璃和铝合金的中性清洁剂，互有影响，不能错用，清洗时应隔离。须先做检查，证明对铝合金和玻璃无腐蚀作用后方能使用。清洗后要用清水冲洗干净。

（四）幕墙施工安装的安全措施

1. 幕墙施工安装根据国家有关劳动安全、卫生法规和现行行业标准《建筑施工高处作业安全技术规范》，结合工程实际情况，制定详细的安全操作规程，并得到监理单位批准后方可施工；

2. 幕墙安装用的施工机具在使用前，应进行严格检验，手电钻、电动锥、焊钉枪等电动工具做绝缘电压试验；手持玻璃吸盘和玻璃吸盘安装机，应进行吸附重量和吸附持续时间试验；

3. 施工人员应配备安全帽、安全带、工具袋；

4. 在高层幕墙安装与上部结构施工交叉作业时，结构施工层下方应架设防护网；在离地面3m高处，应搭设挑出6m的水平安全网；

5. 现场焊接时，在焊件下方应设接火斗。

三、事后前构件加工控制要点与方法

（一）幕墙验收

1. 幕墙验收时应提交下列资料：

(1) 设计图纸、文件、设计修改和材料代用文件；

(2) 材料出厂质量证书，结构硅酮密封胶相容性试验报告及幕墙物理性能检验报告；

(3) 预制构件出厂质量证书；

(4) 隐蔽工程验收文件；

(5) 施工安装自检记录。

2. 幕墙工程验收前应将其表面擦洗干净；

3. 对已被装饰材料遮封的幕墙节点和部位，应对隐蔽工程验收文件进行认真的审核与验收；

4. 幕墙工程质量验收检验应进行观感检验和抽样检验，应以一幅幕墙作为独立检验单元，对每幅幕墙均要求进行验收。幕墙观感检验重点是整体外观的美观、防渗漏功能和变形性能，应符合下列要求：

(1) 明框幕墙框料应竖直横平；单元式幕墙的单元拼缝或隐框幕墙分格玻璃拼缝应竖直横平，缝宽应均匀，并符合设计要求；

(2) 玻璃的品种、规格与色彩应与设计相符，整幅幕墙玻璃的色泽应均匀；不应有析碱、发霉和镀膜脱落等现象；

(3) 玻璃的安装方向应正确；

(4) 幕墙材料的色彩应与设计相符，并应均匀，铝合金料不应有脱膜现象；

(5) 装饰压板表面应平整，不应有肉眼可察觉的变形、波纹或局部压砸等缺陷；

(6) 幕墙的上下边及侧边封口、沉降缝、伸缩缝、防震缝的处理及防雷体系应符合设计要求；

(7) 幕墙隐蔽节点的遮封装修应整齐美观；

(8) 幕墙不得发生渗漏。

幕墙工程抽样检验数量，每幅幕墙的竖向构件或竖向拼缝及横向构件和横向拼缝应各抽查5%，并均不得小于3根；每幅幕墙分格应各抽查5%，并不得少于10个。

(二) 幕墙的保养与维修

1. 幕墙施工单位应对幕墙工程实行不少于三年的保修期，保修期内因工程质量原因而产生的费用由责任方支付；

2. 建设单位对已交付使用的幕墙的安全使用和维护负有主要责任，必须定期进行保养，至少每五年进行一次质量安全性检测；

3. 幕墙工程验收交工后，可使幕墙在使用过程达到和保持设计要求的功能，达到预期使用年限和确保不发生安全事故。使用单位应及时制定幕墙的保养、维修计划与制度；

4. 幕墙的保养应按下列要求进行：

(1) 应根据幕墙面积污染程度,确定清洗幕墙的次数与周期,每年应至少清洗1次;

(2) 外墙面的机械设备应操作灵活方便,以免擦伤幕墙面;

(3) 幕墙在正常使用时,除了正常的定期和不定期检查和维护外,还应每隔五年进行一次全面检查,对玻璃、密封条、密封胶、结构硅酮密封胶条应在不利的位置进行检查,以确保幕墙的安全使用;

(4) 对幕墙进行保养与维修应符合下列安全规定:

1) 不得在4级以上风力及大雨天进行幕墙外侧检查、保养与维修工作;

2) 幕墙进行检查、清洗、保养维修时所采用的机具设备必须牢固、操作方便、安全可靠;

3) 在幕墙的保养与维修工作中,凡属高处作业者,必须遵守国家现行标准《建筑施工高处作业安全技术规范》的有关规定。

附录一:幕墙型材检验

幕墙材料是建筑幕墙施工质量和安全的重要环节,幕墙材料必须符合验收规范、设计、施工合同的要求,这样才能保证建筑幕墙的质量、安全性能、使用性能和使用寿命。

1. 一般规定

(1) 为使幕墙安全可靠,幕墙材料应符合现行国家、行业标准,不合格的材料严禁使用;

(2) 为使幕墙材料有足够的耐候性和耐久性,具备防风雨、防日晒、防盗、防撞击、保温隔热等功能,要求幕墙所用金属材料除不锈钢和轻金属材料外,均应进行热镀锌防腐蚀处理,铝合金应进行表面阳极氧化处理,以保证幕墙的耐久性;

(3) 幕墙无论是在生产制作、施工安装,还是交付使用后,防火均十分重要,因此幕墙材料应尽量采用不燃烧性或难燃烧性材料。对少量不防火、易燃材料,在施工安装中应特别注意,并应有防火措施;

(4) 结构硅酮密封胶是保证幕墙工程整体结构安全和质量良好的关键材料,必须进行严格的检验和测试,必须有性能和与接触材料包括铝合金型材、玻璃、双面胶带的相容性试验合格报告,不符合质量要求的严禁用于幕墙工程。供应单位必须提供有产品质量保险年限的质量证书,施工单位提供质保书。

2. 铝合金材料及钢型材

（1）型材包括常用的钢型材、轻钢型材、铝合金型材、点式幕墙的杆件等，应有出厂合格证和质量证书。要进行检验，检验其化学性能和力学性能。幕墙用的铝合金型材应采用高精级，同时化学成分应符合现行国家标准规定；

（2）检查其截面尺寸、壁厚、镀层外观质量和厚度，镀层色差，其应符合设计和施工合同要求。幕墙采用铝合金的阳极氧化膜厚度不应低于现行国家标准规定的AA15级，不宜太薄，也不能太厚；

（3）幕墙配套使用的铝合金门窗、钢材、不锈钢钢材等均应符合现行国家标准规定；

（4）幕墙用五金配件必须经监理认可，确保材质优良、功能可靠，并有出厂合格证，标准五金件应符合现行国家标准规定；

（5）检查普通钢零件、预埋件、转接件的尺寸规格，其热镀锌层是否完好。膨胀螺栓、化学螺栓厂家、型号、规格，是否与合同相符，必须有抗拉拔试验报告书。螺栓应采用不锈钢或热镀锌碳素钢。

3. 玻璃

（1）幕墙用玻璃应使用安全玻璃，玻璃的外观质量和性能应符合现行国家标准规定；

（2）中空玻璃除应符合现行国家标准外，尚应符合下列要求：应采用双道密封。明框幕墙的中空玻璃的密封胶应采用聚硫密封胶和丁基密封腻子；半隐框和隐框幕墙的中空玻璃的密封胶应采用结构硅酮密封胶和丁基密封腻子，中空玻璃应由专业厂家生产，不能现场做；干燥剂应采用专用设备装填；

（3）墙用夹层玻璃时，应采用PVB胶片干法加工合成；

（4）幕墙采用夹丝玻璃时，裁割后的边缘应及时进行修理和防腐处理；

（5）检查玻璃边缘是否已经处理。所有幕墙玻璃裁割后必须进行边缘处理，倒棱、倒角，钢化和半钢化玻璃应在钢化和半钢化处理前进行倒棱、倒角处理。

4. 石材

(1) 石材的品种规格性能和等级应符合设计、合同和技术规范的规定；

(2) 石材的密度与等级相符，产地、等级不同密度有较大差别；

(3) 石材除有产品合格证书、性能检测报告，材料进场记录外，应复验合格；

(4) 石材的弯曲强度不应小于8MPa，吸水率不小于0.80%；

(5) 石材表面应平整、洁净无污染、缺损和裂痕、擦伤及轻微划伤、斑纹等；

(6) 石材表面涂刷防污剂的，防污剂应有产品合格证、性能检测报告，并要进行现场抽检。

5. 建筑密封材料

（1）检查密封胶和结构胶的厂家、型号、规格、出厂合格证和性能检测报告；

(2) 检查密封材料是否在有效期内,有无耐用年限保证书;

(3) 不得将结构胶误作耐候胶用,更不得将过期的结构胶"降格"为耐候胶用;

(4) 密封胶有无相容试验报告,结构胶有无相容性和粘结性试验报告;

(5) 幕墙采用的密封材料均应符合现行国家和行业标准规定。

通常,幕墙工程所用材料主要包括铝合金型材、钢材、玻璃、花岗石、铝板、铝塑板、硅酮结构胶及密封材料、五金件及其他配件等。材料在进场之前应通过实验室检测,以判定材料的性能和质量,在进场之后进行现场检验,现场检验应将同一厂家生产的同一型号、规格、批号的材料作为一个检验批,每批应随机抽取3%且不得少于5件。幕墙工程中使用的各种材料均应符合国家现行的有关产品标准的规定。下面分别介绍上述材料的性能要求和检验方法。

(一) 铝合金材料

铝合金材料是建筑幕墙工程使用量最大的一种材料,幕墙的支承杆件大多以铝合金建筑型材为主,金属幕墙的饰面材料也大量使用单铝板和铝塑复合板等铝合金材料。幕墙工程上使用的建筑铝合金型材主要是6061(30号锻铅)和6063、6063A(31号锻铝)高温挤压成型、快速冷却并人工时效(T5)或经固熔处理(T6)状态的型材,经阳极氧化(着色)、电泳喷涂、粉末喷涂或氟碳喷涂表面处理。

《玻璃幕墙工程质量检验标准》JGJ/T 139—2001对幕墙用铝合金型材有附表1-1所示的规定:

建筑幕墙工程用铝合金型材检验项目及要求 附表1-1

检验项目	指标要求	检验方法
壁厚	用于横梁、立柱等主要受力杆件的截面受力部位的铝金型材壁厚实测值不得小于3mm	采用分辨率为0.05mm的游标卡尺或分辨率为0.1mm的金属测厚仪在杆件同一截面的不同部位测量,测点不应少于5个,并取最小值
膜厚	阳极氧化膜最小平均膜厚的平均值不应小于15μm,最小局部膜厚不应小于12μm; 粉末静电喷涂涂层厚度的平均值不应小于60μm,其局部厚度不应大于120μm,且不应小于40μm; 电泳涂漆复合膜局部膜厚不应小于21μm; 氟碳喷涂涂层平均厚度不应小于30μm,最小局部厚度不应小于25μm	采用分辨率为0.5μm的膜厚检测仪检测。每个杆件在装饰面不同部位的测点不应少于5个,同一测点应测量5次,取平均值,修约至整数

续表

检验项目	指标要求	检验方法
硬度	玻璃幕墙工程使用6063T5型材的韦氏硬度值,不得小于8;6063AT5型材的韦氏硬度值,不得小于10	采用韦氏硬度计测量型材表面硬度。型材表面的涂层应清除干净,测点不应少于3个,并应以至少3点的测量值,取平均值,修约至0.5个单位值
表面质量	型材表面应清洁,色泽应均匀;型材表面不应有皱纹、裂纹、起皮、腐蚀斑点、气泡、电灼伤、流痕、发黏以及膜(涂)层脱落等缺陷存在	在自然散射光条件下,不使用放大镜,观察检查

(二) 钢材

钢材在现代建筑幕墙工程中占有很大的比重,跨度较大的幕墙工程,大多以钢结构为主要支承骨架,例如,点支式玻璃幕墙多采用钢管、钢桁架等作为幕墙的支承结构;此外,铝合金型材与建筑物的主体结构连接处大部分采用钢材制成的连接件。幕墙工程中常用的钢材以碳素结构钢为主,有时也使用低合金钢和耐候钢等。

幕墙工程用钢材应符合下列要求:

1. 幕墙工程使用的钢材,应进行膜厚和表面质量的检验;

2. 钢材表面应进行防腐处理。当采用热镀锌处理时,其膜厚应大于45μm;当采用静电喷涂时,其膜厚应小于40μm;

3. 膜厚的检验,应采用分辨率为0.5μm的膜厚检测仪检测。每个杆件在不同部位的测点不应少于5个。同一测点应测量5次,取平均值,修约至整数;

4. 钢材的表面不得有裂纹、气泡、结疤、泛锈、夹杂和折叠;

5. 钢材表面质量的检验,应在自然散射光条件下,不使用放大镜,观察检查。

钢材的检验,应提供下列资料:

(1) 钢材的产品合格证;

(2) 钢材的力学性能检验报告,进口钢材应有国家商检部门的商检证;

(三) 玻璃

各种玻璃和玻璃深加工产品是幕墙工程中应用最为广泛的建筑材料之一,幕墙工程中使用的玻璃应进行厚度、边长、外观质量、应力和边缘处理情况的检验。见附表1-2所示。

建筑幕墙工程用玻璃检验项目及要求　　　　附表1-2

检验项目	检验方法
厚度	玻璃安装或组装前，可用分辨率为0.02mm的游标卡尺测量被检玻璃每边的中点，测量结果取平均值，修约到小数点后二位；对已安装的幕墙玻璃，可用分辨率为0.1mm的玻璃测厚仪在被检玻璃上随机抽取4点进行检测，取平均值并修约到小数点后一位
边长	在玻璃安装或组装前，用分度值为1mm的钢卷尺沿玻璃周边测量，取最大偏差值
外观质量	在良好的自然光或散射光照条件下，距玻璃正面约600mm处，观察被检玻璃表面，缺陷尺寸应采用精度为0.1mm的读数显微镜测量
应力	用偏振片确定玻璃是否经钢化处理；用表面应力检测仪测量玻璃表面应力
边缘处理情况	采用观察检查和手试的方法

中空玻璃质量的检验指标应符合下列规定：

（1）玻璃厚度及空气隔层的厚度应符合设计及标准要求；

（2）中空玻璃对角线之差不应大于对角线平均长度的0.2%；

（3）胶层应双道密封，外层密封胶胶层宽度不应小于5mm，半隐框和隐框幕墙的中空玻璃的外层应采用硅酮结构胶密封，胶层宽度应符合结构计算要求。内层密封采用丁基密封腻子，注胶应均匀、饱满、无空隙；

（4）中空玻璃的内表面不得有妨碍透视的污迹及胶粘剂飞溅现象。

中空玻璃质量的检验，应采用下列方法：

（1）在玻璃安装或组装前，以分度值为1mm的直尺或分辨率为0.05mm的游标卡尺在被检玻璃的周边各取两点，测量玻璃及空气隔层的厚度和胶层厚度；

（2）以分度值为1mm的钢卷尺测量中空玻璃两对角线长度差；

（3）观察玻璃的外观及打胶质量情况。

（四）其他饰面材料

目前，建筑幕墙用饰面材料多种多样，除了传统的玻璃和金属铝板之外，目前还大量采用石材、铝复合板、陶瓷板、陶土板等人造板材作为建筑幕墙的饰面材料。

1. 石材

《金属与石材幕墙工程技术规范》JGJ 133—2001中规定了幕墙用石材宜选用火成岩，目前常用的主要是花岗石，石材的吸水率应小于0.8%，弯曲强度不应小于8.0MPa，此外，石材的表面处理方法应根据环境和用途决定。一般来说，火烧石板的厚度应比抛光石板厚3mm。幕墙用石材的技术要求和性能试验方法应符合下列现行国家标准的有关规定。

（1）《天然花岗石荒料》JC/T 204—2001

(2)《天然花岗石建筑板材》GB/T 18601—2001

(3)《天然饰面石材试验方法干燥、水饱和、冻融循环后压缩强度试验方法》GB 9966.1—2001

(4)《天然饰面石材试验方法干燥、水饱和、弯曲强度试验方法》GB 9966.2—2001

(5)《天然饰面石材试验方法体积密度、真密度、真气孔率、吸水率试验方法》GB 9966.3—2001

(6)《天然饰面石材试验方法耐磨性试验方法》GB 9966.4—2001

(7)《天然饰面石材试验方法耐酸性试验方法》GB 9966.4—2001

石材表面应采用机械进行加工，加工后的表面应用高压水冲洗或用水和刷子清理，严禁用溶剂型的化学清洁剂滴洗石材。

2. 铝合金板材

铝合金金属幕墙应根据设计需要、使用目的及性能要求，分别选用单层铝板、铝塑复合板、铝蜂窝板等作为其饰面材料，其表面处理层厚度及材质应符合现行国家及行业标准，板材应达到国家相关标准及设计要求，并应有出厂合格证。根据防腐、装饰及建筑物的耐久年限的要求，对铝合金板材（单层铝板、铝塑复合板、铝蜂窝板）表面进行氟碳树脂喷涂处理，应符合下列规定：a. 氟碳树脂含量不应低于75%，海边及严重酸雨地区，可采用三道或四道氟碳树脂涂层，其厚度应大于40μm；其他地区，可采用两道氟碳树脂涂层，其厚度应大于25μm；b. 氟碳树脂涂层应无起泡、裂纹、剥落等现象。

（1）单层铝板应符合下列现行国家标准的规定

幕墙用单层铝板厚度不应小于2.5mm：

1)《铝及铝合金轧制板材》GB/T 3880—1997；

2)《变形铝及铝合金牌号表示方法》GB/T 16474—1996；

3)《变形铝及铝合金状态代号》GB/T 16475—1996。

（2）铝塑复合板应符合下列规定

1) 建筑幕墙用铝塑复合板应采用3×××系列和5×××系列或耐腐蚀性及力学性能更好的其他系列铝合金，材质性能应符合GB/T 3880的有关要求；铝塑复合板的上下两层铝合金板的厚度均应在0.5mm以上，其性能应符合现行国家标准《铝塑复合板》GB/T 17748—1999规定的幕墙用铝塑板的技术要求；铝合金板与夹心层的剥离强度标准值应大于7N/mm；

2) 建筑幕墙用铝塑复合板涂层材质宜采用耐候性能优异的氟碳树脂；

3) 幕墙选用普通型聚乙烯铝塑复合板时，必须符合现行国家标准《建筑设计防火规范》GBJ 16—2001和《高层民用建筑设计防火规范》GB 50045—2001的有关规定。

此外，铝塑复合板产品标准 GB/T 17748 正在修订之中，新的版本将幕墙用铝塑复合板和内墙装饰用铝塑复合板进行了分类。

(3) 铝蜂窝板应符合下列规定

1) 应根据幕墙的使用功能和耐久年限的要求，选用厚度为 10、12、15、20mm 和 25mm 的铝蜂窝板作为其饰面材料；

2) 厚度为 10mm 的铝蜂窝板应由 1mm 厚的正面铝合金板、0.5～0.8mm 厚的背面铝合金板及铝蜂窝板粘结而成；厚度在 10mm 以上的铝蜂窝板，其正背面铝合金板厚度均应为 1mm。

3. 其他板材

对于其他的幕墙饰面材料，应符合各自现行的国家和行业标准、规范，对于一些新材料、新产品，如果没有现成的标准规范可参考，应通过试验研究、计算分析以确保幕墙使用该种材料后能够满足设计要求，保证幕墙工程的安全和质量及使用功能，提高幕墙的使用寿命。

(五) 硅酮结构胶及密封材料

1. 硅酮结构胶

硅酮结构胶的检验指标，应符合下列规定：

(1) 硅结构胶必须是内聚性破坏；

(2) 硅酮结构胶切开的截面应颜色均匀，注胶应饱满、密实；

(3) 硅酮结构胶的注胶宽度、厚度应符合设计要求，且宽度不得小于 7mm，厚度不得小于 6mm。

硅酮结构胶的检验，应采用下列方法：

(1) 垂直于胶条做一个切割面，由该切割面沿基材面切出两个长度约 50mm 的垂直切割面，并以大于 90°方向用手拉硅酮结构胶块，如附图 1-1 所示，观察剥离面破坏情况；

(2) 观察检查打胶质量，应分度值为 1mm 的钢直尺测量胶的厚度和宽度。

2. 密封胶

密封胶的检验指标，应符合下列规定：

附图 1-1
硅酮结构胶现场手拉试验示意图

(1) 密封胶表面应光滑，不得有裂缝现象，接口处厚度和颜色应一致；

(2) 注胶应饱满、平整、密实、无缝隙；

(3) 密封胶粘结形式、宽度应符合设计要求，厚度不应小于 35mm。

密封胶的检验，应采用观察检查、切割检查的方法，并应采用分辨率为 0.05mm 的游标卡尺测量密封胶的宽度和厚度。

3. 其他密封材料及衬垫材料

其他密封材料及衬垫材料的检验指标，应符合下列规定：

(1) 应采用有弹性、耐老化的密封材料；橡胶密封条不应有硬化龟裂现象；

(2) 衬垫材料与硅酮结构胶、密封胶应相容；

(3) 双面胶带的粘结性能应符合设计要求。

其他密封材料及衬垫材料的检验，应采用观察检查的方法；密封材料的延伸性应以手工拉伸的方法进行。

4. 施工装配中结构密封胶的试验方法

《建筑用硅酮结构密封胶》GB 16776—2005 中附录 D 规定了施工装配中结构密封胶的试验方法，如附表 1-3 至附表 1-7 所示。

密封胶粘接性能测试　　　　　　　　　附表 1-3

	A：破坏性手拉试验
试验方法	手拉试验（成品破坏法）
适用范围	适用于装配现场测试结构密封胶粘结性的检查，用于发现工地应用中的问题，如基材不清洁、使用不合适的底涂、底涂用法不当，不正确的接缝装配、胶接缝设计不合理以及其他影响粘结性的问题。本方法对接缝受检部分的密封胶是破坏性的，一般在装配工作现场的结构密封胶完全固化后进行，完全固化通常需要 7～21 天
试验器材	刀片：长度适当的锋利刀片， 密封胶：相同于被检测的密封胶； 勺状刮铲：适用于修整密封胶的工具
试验步骤	(1) 沿接缝一边的宽度方向水平切割密封胶，直至接缝的基材面； (2) 在水平切口处沿胶与基材粘结接缝的两边垂直各切约 75mm 长度 (3) 紧捏住密封胶 75mm 长的一端，成 90°角拉扯剥离密封胶（如附图 1-2 所示）。 附图 1-2　90°角拉扯剥离密封胶
结果判定	如果基材的粘结力合格，密封胶应在拉扯过程中断裂或在剥离之前密封胶拉长到预定处
修补密封胶	如果基材的粘结力合格，可用新密封胶修补已被拉断的密封接缝。为获得好的粘结性，修补被测试部位应采用同原来相同密封胶和相同的注胶方法。应确保原胶面的清洁，修补的新胶应充分填满并与原胶结面紧密贴合

续表

\multicolumn{2}{c}{B：非破坏性手拉试验}
试验方法	手拉试验（非成品破坏法）
适用范围	适用于在平面基材上进行的简单测试，可以解决破坏性手拉试验很难测试或不可能测试的结构胶接缝。在工程实际应用的一块基材上进行粘结性测试，表面处理相同于实际状态
试验器材	基材：与工程用型材完全一致，通常采用装配过程中的边角料； 底涂：如果需要，接缝施工时使用的底涂； 防粘带：聚乙烯（PE）或聚四氟乙烯自粘性胶带； 密封胶：工程装配密封接缝用同一结构密封胶； 勺状刮铲：适于修整密封胜的工具； 刀片：长度适当的锋利刀片
试验步骤	（1）按工程要求清洗粘结表面，如果需要可按规定步骤施底料； （2）基材表面的一端粘贴防牯胶带； （3）施涂适量的密封胶，约长100mm，宽50mm，厚3mm，其中至少50mm长密封胶覆盖在防牯胶带上； （4）修整密封胶，确保密封胶与粘结表面完全贴合； （5）在完全固化后（7～21天），从防粘带处揭起密封胶，以90°角拉扯密封胶，如附图1-3所示 附图1-3 试件
结果判定	如果密封腔与基材剥离（附图1-4）之前就内聚破坏（附图1-5），则基材的粘结力合格 附图1-4 密封腔与基材剥离　　附图1-5 内聚破坏

续表

C：浸水后手拉试验	
适用范围	经方法 B 测试后若没有粘结破坏，可再使用本方法增加浸水步骤进行手拉试验
试验器材	大小适于浸没试件的容器
试验步骤	（1）把已通过方法 B 测试的试件浸入室温水中； （2）将试件浸水 1～7d； （3）浸水至规定的时间后，取出试件擦干，揭起密封胶的一端并以 90°角用力拉扯密封胶
结果判定	密封胶在基材剥离前就已产生内聚破坏，表面基材粘结力合格

密封胶表干时间的现场测定　　　　　　　　　　　　附表 1-4

适用范围	该方法适用于检验工程中密封胶的表干时间。表干时间的任何较大变化（如时间过长）都可能表示密封胶超过储存期或储存条件不当
试验器材	密封胶：从混胶注胶设备中挤出的密封材料； 勺状刮铲：适于修整密封胶的工具； 塑料片：聚乙烯或其他材料，用于剔除已固化的密封胶； 其他工具适用于接触密封胶表面的工具
试验步骤	在塑料片上涂施 2mm 厚的密封胶，每隔几分钟，用工具轻轻地接触密封胶表面
结果判定	当密封胶表面不再粘工具时，表明密封胶已经表干，记录开始时至表干发生的封闭。如果密封胶在生产厂商规定的时间内没有表干，则该批次密封胶不能使用，应同生产商联系

单组分密封胶回弹特征的测试　　　　　　　　　　　附表 1-5

适用范围	适用于检验密封胶的固化和回弹性
试验器材	密封胶：从混胶注腔设备中挤出的密封材料； 勺状刮铲：适于修整密封胶的工具； 塑料片：聚乙烯或其他材料，用于剔除已固化的密封胶
试验步骤	（1）在塑料片上施涂 2mm 厚的密封胶，放置固化 24h； （2）从塑料薄片上剥离密封胶； （3）慢慢地拉伸密封胶，判断密封胶是否固化并具有弹性橡胶体特征。在被拉伸到断裂点之前撤销拉伸外力时，弹性橡胶体的回弹应能基本上恢复到它原来的长度
结果判定	如果密封胶能拉长且回弹，说明已发生固化，如果不能拉长或者拉伸断裂无回弹，表明该密封胶不能使用，应同密封胶生产厂商联系

双组分密封胶混合均匀性测试方法（蝴蝶试验）　　附表1-6

适用范围	适用于测定双组分密封胶的混合均匀性
试验器材	纸：白色厚纸，尺寸为216mm×280mm； 密封胶：从混胶机中取样测试
试验步骤	沿边长将纸对折后展开，沿对折处注长约200mm的密封胶见附图1-6（a），然后把纸叠合起来见附图1-6（b），挤压纸面使密封胶分散成半圆形薄层，然后把纸打开观察密封胶如附图1-6（c）、（d）所示 （a）对折处挤注密封胶　　　（b）叠合挤压纸面 （c）未均匀混合（有白色条纹）　　（d）均匀混合的密封胶 附图1-6　蝴蝶试验
结果判定	如果密封胶颜色均匀，则密封胶混合较好，可用于生产使用；如果密封胶颜色不均匀或有不同颜色的条纹，说明密封胶混合不均匀，不能使用； 如果密封胶混合均匀程度不够，重新取样，重复上述试验步骤，若还有不同颜色条纹或颜色不均匀，则可能需要进行设备维修，对混合器、注胶管、注腔枪进行清洗，检查组分比例调节阀门，或向设备生产商咨询有关的维修工作

双组分密封胶拉断时间的测定　　附表1-7

适用范围	适用于测试密封胶混合后的固化速度是否符合密封胶生产商的技术说明
试验器材	纸杯：容量约180L； 工具：如调油漆用的木棍； 密封胶：从混胶机中取样
试验步骤	从混胶机挤取约2/3~3/4纸杯密封胶，将木棒插入纸杯中心见附图1-7（a），定期从纸杯中提起木棒

续表

结果判定

（a）混合的密封胶　　（b）提拉密封胶至固化　　（c）密封胶被拉断

附图1-7　拉断时间试验

（1）从纸杯中提起木棍井抽拉密封胶时，如果提起的密封腔呈 a 状见附图1-7（b），不发生断裂，表明密封胶未达到拉断时间，应继续测试直到密封胶被拉扯断见附图1-7。记录纸杯注 A 密封胶到拉断的时间，即为密封胶的拉断时间。

（2）如果密封胶的拉断时间低于规定范围（适用期），应检查混腔设备，确认超出范围的原因，确定密封腔是否过期 t 确定是否需要涌整或维修设备，必要时应同密封胶生产商联系

五金件及其他配件的指标要求及检验方法见附表1-8。

双组分密封腔拉断时间的测定　　附表1-8

检验项目	指标要求	检验方法
外观	（1）玻璃幕墙串与铝合金型材接触的五金件应采用不锈钢材或铝制品，否则应加设绝缘垫片； （2）除不锈钢外，其他钢材应进行表面热浸镀锌或其他防腐处理	观察检查
转接件、连接件	（1）转接件、连接件外观应平整，不得有裂纹、毛刺、凹坑、变形等缺陷； （2）当采用碳素钢时，表面应做热浸镀锌处理； （3）转接件、连接件的开孔长度不应小于开孔宽度加40mm，孔边距离不应小于开孔宽度的1.5倍，转接件，连接件的壁厚不得有负偏差	（1）观察检查转接件、连接件的外观质量； （2）用分度尺值为1mm的钢直尺测最构造尺寸，用分辨率为0.05mm的游标卡尺测量壁厚
紧固件	（1）紧固件宜采用不锈钢六角螺栓，且应带有弹簧垫圈。当未采用弹簧垫圈时，应有防松脱措施。主要受力杆件不应采用自攻螺钉； （2）铆钉可采用不锈钢铆钉或抽芯铝铆钉，作为结构受力的铆钉应进行受力验算，构件之间的受力连接不得采用抽芯铝铆钉	观察检查

续表

检验项目	指标要求	检验方法
滑撑、限位器	（1）滑撑、限位器应采用奥氏体不锈钢，表面光洁，不应有斑点、砂眼及明显划痕。金属层应色泽均匀，不应有气泡、露底、泛黄、龟裂等缺陷，强度、刚度应符合设计要求； （2）滑撑、限位器的紧固铆接处不得松动，转动和滑撑的连接处应灵活，无卡阻现象	（1）用磁铁检查滑撑、限位器的材质； （2）采用观察检查和手动试验的方法，检验滑撑、限位器的外观质量和活动性能。
门窗其他配件	（1）门（锁）及其他配件应开关灵活，组装牢固，多点连动锁的配件其连动性应一致； （2）防腐处理应符合设计要求，镀层不得有气泡、露底、脱落等明显缺陷	观察检查和手动试验

附录二：现行有关规范、标准

现行有关规范、标准

1. 《玻璃幕墙工程技术规范》JG102—2003
2. 《建筑幕墙》JG3035—97
3. 《碳素结构钢》BG700—88
4. 《硅酮建筑密封胶》BG/T14683—93
5. 《建筑结构抗震规范》BG11—89
6. 《建筑设计防火规范》BG16—87
7. 《建筑物防雷设计规范》BG50057—94
8. 《铝合金建筑型材》BG/5237—2000
9. 《优质碳素结构钢技术条件》BG699—88
10. 《低合金高强度结构钢》BG1597
11. 《玻璃幕墙工程质量检验标准》JGJ/139—2001
12. 《施工现场临时用电安全规范及条文说明》JGJ46—88
13. 《建设工程施工现场供用电安全规范》GB50194—93
14. 《建筑施工扣件式钢管脚手架安全技术规范》JGJ130—2001
15. 《建筑装饰装修工程质量验收规范》GB50210—2001
16. 《金属与石材幕墙工程技术规范》JGJ133—2001
17. 《工程测量规范及条文说明》GB0026—93
18. 《建筑幕墙物理性能分析》GB/T75225—94
19. 《铝及铝合金轧制板》GB/T3880—97
20. 《绝热用岩棉、矿棉及其制品》GB/T11835—98
21. 《隔热用聚苯乙烯发泡沫塑料制品》GB10801—89

22. 《紧固件机械性能不锈钢螺丝、螺钉、螺母和螺栓》GB/T3098.6—94
23. 《钢结构工程施工质量验收规范》GB50205—2001
24. 《建筑钢结构焊接规范》JGJ81—91
25. 《建筑施工安全检查标准》JGJG59—99
26. 《预埋件设计规程》YS11—89

参考文献

[1] 雍本主编. 幕墙工程施工手册（第2版）. 北京：中国计划出版社. 2004.

[2] 陈建东主编. 玻璃幕墙工程技术规范应用手册. 北京：中国建筑工业出版社.

[3] 四川省建筑科学研究院主编. 玻璃幕墙技术规程. 四川省建设委员会.

[4] 刘正权主编. 建筑幕墙检测. 北京：中国计量出版社.

[5] 张芹主编. 新编建筑幕墙技术手册（第2版）. 济南：山东科学技术出版社.

[6] 中国建筑装饰协会工程委员会编著. 实用建筑装饰施工手册. 北京：中国建筑工业出版社.